高职高专土建类专业系列教材

GAOZHI GAOZHUAN TUJIANLEI ZHUANYE XILIE JIAOCAI

AutoCAD工程绘图

（第2版）

主　编　晏孝才

副主编　肇承琴　毛燕红　余周武

中国电力出版社

CHINA ELECTRIC POWER PRESS

内 容 提 要

本书是介绍使用 AutoCAD 绘制工程图的基础教材,适用于建筑、水工等土建类相关专业。作者根据长期的教学与工程设计的实践经验精心组织教学内容,不仅介绍了软件本身的基本功能(适用于 AutoCAD 2009~AutoCAD 2014 各版本),更重要的是结合实例讲授了应用 AutoCAD 绘制建筑图、水工图的方法与技巧。

与本书配套的《AutoCAD 实训教程》包含大量的实例训练,能使读者在较短时间内掌握软件的基本功能,绘制并打印出符合制图标准的工程图。

图书在版编目(CIP)数据

AutoCAD 工程绘图 / 晏孝才主编 . —2 版 . —北京:中国电力出版社,2014.1
(2022.8 重印)
高职高专土建类专业规划教材
ISBN 978 - 7 - 5123 - 5230 - 8

Ⅰ . ①A… Ⅱ . ①晏… Ⅲ . ①工程制图—AutoCAD 软件—高等职业教育—教材
Ⅳ . ①TB237

中国版本图书馆 CIP 数据核字(2013)第 280274 号

中国电力出版社出版发行
北京市东城区北京站西街 19 号 100005 http://www.cepp.sgcc.com.cn
责任编辑:王晓蕾 联系电话:010-63412610
责任印制:杨晓东 责任校对:朱丽芳
三河市航远印刷有限公司印刷·各地新华书店经售
2014 年 1 月第 2 版·2022 年 8 月第 11 次印刷
787mm×1092mm 1/16·13.5 印张·327 千字
定价:38.00 元(1CD)

编委会名单

前　言

AutoCAD 是美国 Autodesk 公司的产品，它广泛应用于机械、建筑、水利等领域，是目前最常用的计算机辅助设计（CAD）软件。AutoCAD 改变了传统的设计与绘图方式，成为现代工程技术人员的重要工具和必备技能。

《AutoCAD 工程绘图》与《AutoCAD 实训教程》是一套讲授如何使用 AutoCAD 绘制工程图的基础教材，适用于建筑、水工等土建类专业。本书作者是长期从事 AutoCAD 的教学与应用的教师，有着极其丰富的教学和工程应用的实践经验，对 AutoCAD 的功能、特点及其应用有较深入的理解和体会。本书按照"以应用为目的，以必需、够用为度"、"加强针对性和实用性"的原则，精心组织教学内容，不仅介绍了软件本身的基本功能（适合于 AutoCAD 2009～AutoCAD 2014 各版本），更重要的是讲授了软件在工程上的应用方法，传授了作者教学研究与工程应用的经验和技巧。本书力求图文并茂、深入浅出、层次清晰、通俗易懂，能使初学者在较短时间内学会应用 AutoCAD 软件绘制并输出符合制图标准的工程图的基本方法。

教材的实例内容涉及建筑图、水工图的绘制、标注与打印输出，不同专业的读者可选择性阅读。光盘文件包含练习用源文件与完成后的结果文件，还有实例的操作动画文件，供读者自学时参考。

AutoCAD 是一个辅助设计的工具，仅能熟练使用 AutoCAD 软件是无法胜任实际工作的。因此，学习 AutoCAD 必须具备适当的相关专业知识及传统的投影制图的基本知识。

本书由晏孝才任主编，肇承琴、毛燕红、余周武任副主编，倪桂玲、张建清参编。其中，第 1 章由湖北水利水电职业技术学院余周武编写，第 2 章由沈阳农业大学高等职业技术学院肇承琴编写，第 3 章由九州职业技术学院张建清编写，第 4 章由九州职业技术学院毛燕红编写，第 5 章由安徽水电职业技术学院倪桂玲编写，第 6～9 章由湖北水利水电职业技术学院晏孝才编写。全书由晏孝才统稿。

限于编者的水平，书中不足或错误在所难免，恳请广大读者批评指正。

编　者

第1版前言

AutoCAD 是美国 Autodesk 公司的产品，它广泛应用于机械、建筑、水利等领域，是目前最常用的计算机辅助设计（CAD）软件。AutoCAD 改变了传统的设计与绘图方式，成为现代工程技术人员的重要工具和必备技能。

《AutoCAD 工程绘图》与《AutoCAD 实训教程》是一套讲授如何使用 AutoCAD 绘制工程图的基础教材，适用于建筑、水工等土建类专业，同时也兼顾机械图的绘制。本书作者是长期从事 AutoCAD 的教学与应用的教师，有着极其丰富的教学和工程应用的实践经验，对 AutoCAD 的功能、特点及其应用有较深入的理解和体会。本套教材按照"以应用为目的，以必需、够用为度"、"加强针对性和实用性"的原则，精心组织教学内容，不仅介绍了软件本身的基本功能（适合于 AutoCAD 2004～AutoCAD 2008 各版本），更重要的是讲授了软件在工程上的应用方法，传授了作者教学研究与工程应用的经验和技巧。全书力求图文并茂、深入浅出、层次清晰、通俗易懂，能使初学者在较短时间内学会应用 AutoCAD 软件绘制并输出符合国标的工程图的基本方法。

教材的实例内容涉及建筑、水工、机械图的绘制、标注与打印输出，不同专业的读者可选择性阅读。光盘文件包含练习用源文件与完成后的结果文件，还有实例的操作动画文件，供读者自学时参考。

AutoCAD 仅仅是一个辅助设计的工具，仅能熟练使用 AutoCAD 软件是无法胜任实际工作的。因此，学习 AutoCAD 必须具备适当的相关专业知识及传统的投影制图的基本知识。

本书由晏孝才任主编，肇承琴、毛燕红任副主编，卢玉玲、倪桂玲、张建清参编。其中第 1 章由湖北水利水电职业技术学院卢玉玲编写，第 2 章由沈阳农业大学高等职业技术学院肇承琴编写，第 3 章由九州职业技术学院张建清编写，第 4 章由九州职业技术学院毛燕红编写，第 5 章由安徽水利水电职业技术学院倪桂玲编写，第 6～9 章由湖北水利水电职业技术学院晏孝才编写。

限于编者的水平，书中不足或错误在所难免，恳请广大读者批评指正。

编　者

目　　录

第 1 章 AutoCAD 基础

本章知识要点

● 认识 AutoCAD 软件的操作界面，包括 AutoCAD 2009～AutoCAD 2014 各版本。

● AutoCAD 命令的操作方法：命令的输入方式、命令提示的显示格式与命令提示的响应方法。

● 点的输入方式：鼠标拾取点、输入坐标、输入直接距离、对象捕捉、对象追踪、动态输入（精确绘图的辅助工具在第 2 章还有详细介绍）。

● AutoCAD 绘图环境的设置：图层与对象基本特性的设置、定制样板文件。

1.1 AutoCAD 概述

AutoCAD 从 1982 年推出 1.0 版，至今经过 20 多次的版本升级，已经成为集计算机辅助设计、三维建模、数据库技术及 Internet 技术于一体的计算机辅助设计和绘图软件，广泛应用于土建、机械、电子等诸多领域。它易学、易用，并具有开放式的开发定制功能，受到世界各地工程设计人员的青睐。

AutoCAD 作为一种工程设计软件，它为工程设计人员提供了强有力的二维和三维工程设计绘图功能，主要功能如下：

1. 基本绘图功能

● 提供绘制各种二维图形的工具，并可以根据所绘制的图形进行测量和标注尺寸。

● 具有对图形进行修改、删除、移动、旋转、复制、偏移、修剪、圆角等多种强大的编辑功能。

● 缩放、平移等动态观察功能，方便用户查看图形全貌及局部，并具有透视、投影、轴测、着色等多种图形显示方式。

● 提供栅格、正交、极轴、对象捕捉及对象追踪多种辅助工具，保证精确绘图。

● 提供块及属性等功能，提高绘图效率。对于经常使用到的一些图形对象组，可以定义成块并附加上从属于它的文字信息，需要的时候可反复插入到图形中，甚至可以仅仅修改块的定义，便可以批量修改插入进来的多个相同块。

● 使用图层管理器管理不同专业和类型的图线，可以根据颜色、线型、线宽分类管理图线，并可以方便地控制图形的显示或打印。

● 可以对图形区域进行图案填充，从而轻松地实现工程图中剖面符号的绘制。

● 提供在图形中书写、编辑文字的功能。

● 创建三维几何模型，并可以对其进行编辑修改或提取几何物理特性。

2. 辅助设计功能

AutoCAD 软件不仅仅具有绘图功能，还提供有助于工程设计和计算的功能：

● 可以查询绘制好的图形的长度、面积、体积、力学特性等。

● 提供三维空间中的各种绘图和编辑功能，具有三维实体和三维曲面造型的功能，便于用户对设计有直观的了解和认识。

● 提供多种软件的接口，可方便地将设计数据和图形在多个软件中共享，进一步发挥各个软件的特点和优势。

3. 开发定制功能

针对不同专业的用户需求，AutoCAD 都提供强大的二次开发工具，让用户定制或开发适用于本专业设计特点的功能。

● 具有强大的用户定制功能，用户可以方便地将软件进行改造，以适合自己使用。

● 具有良好的二次开发性，AutoCAD 提供多种方式，以使用户按照自己的思路去解决问题；AutoCAD 开放的平台使用户可以用 LISP、VBA、ARX 等语言开发适合特定行业使用的 CAD 产品。

● 为体现软件易学易用的特点，新界面增加了工具选项板、状态栏托盘图标、联机设计中心等功能。工具选项板可以让用户更方便地使用标准或用户创建的专业图库中的图形块，以及国家标准的填充图案；状态栏托盘图标提供了对通信、外部参照、CAD 标准、数字签名的即时气泡通知支持，是 AutoCAD 协同设计理念最有力的工具；联机设计中心可以使互联网上无穷无尽的设计资源方便地为用户所有。

1.2 AutoCAD 工作界面

AutoCAD 软件正确安装后，在"开始"菜单的"程序"项添加 Autodesk 启动项，同时在桌面生成快捷图标。与启动其他 Windows 软件一样，双击桌面上的 AutoCAD 快捷图标，或者在"开始"→"所有程序"→"Autodesk"下找到你要启动的 AutoCAD 版本。当然，双击 AutoCAD 图形文件，也可以启动 AutoCAD 软件。

从 AutoCAD 2009 开始，工作界面有了很大的变化，但 AutoCAD 2009～Auto-CAD2014 各版本的界面风格大致相同，是一种称为 Ribbon（功能区）的界面。以下分别介绍 AutoCAD 全新的 Ribbon 工作界面（默认工作界面）和传统的菜单式工作界面（经典工作界面）。

1.2.1 经典工作界面

图 1-1 是 AutoCAD 2010 的"AutoCAD 经典"工作界面，这是一种传统的菜单式工作界面，各组成部分如下。

1. 菜单栏

选择下拉菜单的菜单项，可以执行 AutoCAD 的命令。例如，选择下拉菜单"绘图"→"圆"→"三点"，即可根据指定的三点来绘制一个圆。

各下拉菜单项的主要功能如下。

● 文件：主要用于图形文件的相关操作，如打开、保存、打印等。

● 编辑：完成标准 Windows 程序的复制、粘贴、清除、查找，以及放弃、重做等操作。

● 视图：与显示有关的命令集中在这里。

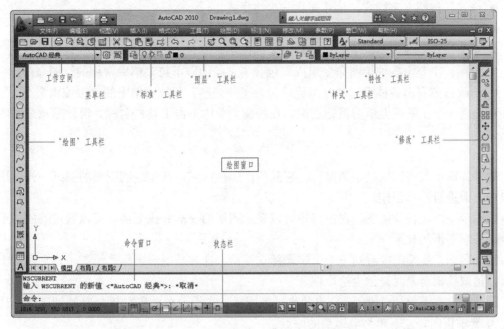

图 1-1　AutoCAD 2010 经典工作界面

● 插入：可以插入块、图形、外部参照、光栅图、布局和其他文件格式的图形等。

● 格式：进行图形界限、图层、线型、文字、尺寸等一系列图形格式的设置。

● 工具：软件中特定功能，如查询、设计中心、工具选项板、图纸集、程序加载、用户坐标系的设置等。

● 绘图：包括 AutoCAD 中创建主要的二维、三维对象的命令。

● 标注：标注图形的尺寸。

● 修改：工程设计中，图形不全由绘图命令画出来，必须结合一系列编辑命令进行修改和创建来完成。常用的命令有复制、移动、偏移、镜像、修剪、圆角、拉伸以及三维对象的编辑等。

● 窗口：从 AutoCAD 2000 版开始，在一个软件进程中可以同时打开多个图形文件，在"窗口"下拉菜单中对这些文件显示切换。

● 帮助：AutoCAD 的联机帮助系统，提供完整的用户手册、命令参考等。

● Express：附加的扩展工具集，可选择安装。

下拉菜单把各种命令分门别类地组织在一起，使用时可以对号入座进行选择，并且包括了绝大部分 AutoCAD 的命令集。也正是由于它的系统性，每当使用某个命令选项时，都需要逐级选择，略显烦琐，效率不高。

2. 工具栏

工具栏由带有直观图标的命令按钮组成，每个命令按钮都对应一个 AutoCAD 命令。

除 AutoCAD 2008 显示"面板"外，其他各版本默认的工作界面上显示了几个常用的工具栏，如"标准"、"图层"、"对象特性"、"样式"、"绘图"和"修改"工具栏。

● 标准：这里汇集了"文件"、"编辑"、"视图"下拉菜单中的常用的命令。如"打开"、"保存"；"复制"、"粘贴"；"缩放"、"平移"等。

- 样式：包括文字样式、尺寸样式与表格样式。
- 图层：显示当前层的名称及状态，显示图层列表及切换当前层。
- 对象特性：该工具栏主要对图形对象的图层、颜色、线型和线宽等属性进行设置。
- 绘图：主要由各种绘图命令组成，包含了"绘图"下拉菜单中常用的绘图命令。
- 修改：主要由各种编辑命令组成，包含了"修改"下拉菜单中的二维编辑命令。

在任意一个工具栏上单击鼠标右键，在快捷菜单中单击工具栏名称，可以显示或关闭该工具栏。

3. 绘图窗口

软件界面中最大区域是绘图窗口。它是绘图工作区域，就像绘制图形的图纸一样，用户可以在上面进行设计创作。

绘图区域可以任意扩展，在窗口中可以显示图形的一部分或全部，可以通过缩放、平移命令来控制图形的显示。

移动鼠标，在绘图区看到一个十字光标在移动，这就是图形光标。绘图时，它显示十字形状，拾取编辑对象时显示为拾取框。

绘图窗口左下角是 AutoCAD 直角坐标系图标，它指示水平从左至右为 X 轴正向，从下向上为 Y 轴正向，左下角为坐标系的原点。

窗口底部有"模型"、"布局 1"、"布局 2"三个标签，模型代表模型空间，布局代表图纸空间。单击"模型"和"布局"，就可以在模型空间和图纸空间切换。用户绘制图形是在模型空间中进行，图纸空间用于图形注释与打印排版。

4. 命令窗口

图形窗口下面是一个输入命令和反馈命令参数提示的区域，称为命令窗口或命令行。

从 AutoCAD2006 开始，增加了"动态输入"，使用动态输入功能可以在工具栏提示框中输入命令和参数，而不必在命令行输入。

5. 状态栏

状态栏是界面最下面的一个条状区域，其外观如图 1-2 所示。

在状态栏的最左边显示当前十字光标所处位置的坐标值（X，Y，Z），随着光标的移动，X、Y 坐标值随之变化，Z 坐标值一直为 0，所以默认的绘图平面是一个 Z＝0 的水平面。当光标指向菜单的命令项或工具栏的命令按钮时，坐标显示切换为该命令的功能说明。

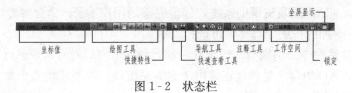

图 1-2 状态栏

1.2.2 Ribbon 工作界面

首次启动 AutoCAD，自动进入"二维草图与注释"工作空间，这是一种全新的称为 Ribbon（功能区）的工作界面，如图 1-3 所示。

1. 快速访问工具栏

使用快速访问工具栏显示常用工具，例如"新建"、"打开"、"保存"等命令。点击右侧

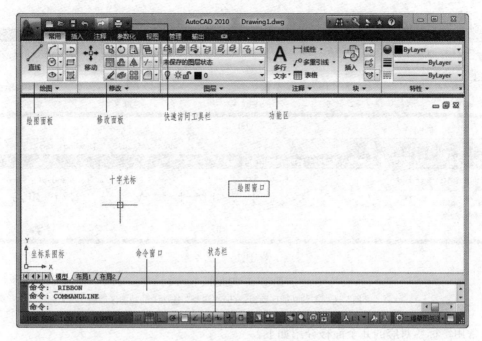

图 1-3　Ribbon 工作界面

下拉按钮，可选择添加或移除快速访问工具栏上的工具，选择"显示菜单栏"可以显示 Au-toCAD 传统的下拉菜单，如图 1-4 所示。

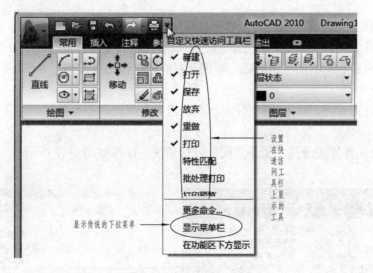

图 1-4　快速访问工具栏

2. 功能区

　　功能区由许多面板组成，它为与当前工作空间相关的命令提供了一个单一、简洁的放置区域。它取代了传统界面的下拉菜单和工具栏。功能区包含了设计绘图的绝大多数命令，只要点击面板上的按钮就可以激活相应的命令。切换功能区选项卡上不同的标签，AutoCAD 显示不同的面板，图 1-5 为"常用"选项卡与"注释"选项卡对应的功能区面板。

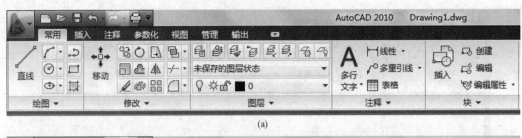

(a)

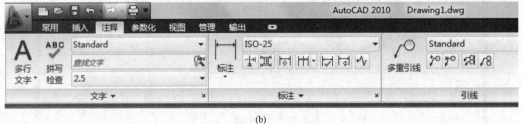

(b)

图 1-5 功能区

（a）"常用"选项卡的功能区面板；（b）"注释"选项卡的功能区面板

"常用"标签对应的几个面板介绍如下：

● 绘图：主要由各种绘图命令组成，类似经典界面的"绘图"工具栏。

● 修改：主要由各种编辑命令组成，类似经典界面的"修改"工具栏。

● 图层：用于设置图层并显示当前层的名称及状态，显示图层列表及用于切换当前层的操作。

● 注释：由常用的文字标注与尺寸标注相关命令组成。

● 特性：主要对图形对象的图层、颜色、线型和线宽等属性进行设置。

点击面板名称右侧的黑三角图标，将展开对应的全部命令按钮，如图 1-6 所示。

3. 其他

绘图区域、命令行、状态栏同"AutoCAD 经典"界面，不再赘述。

4. 切换工作空间

AutoCAD 工作界面通过"工作空间"进行切换，操作如图 1-7 所示。

图 1-6 展开"绘图"面板

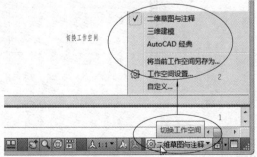

图 1-7 切换工作空间

AutoCAD 2009～AutoCAD 2014 各版本的工作界面大致相同，请参考图 1-8～图 1-10。从 AutoCAD 2012 版本开始，功能区命令按钮添加了命令的中文名称。

图 1 - 8　AutoCAD 2009 工作界面

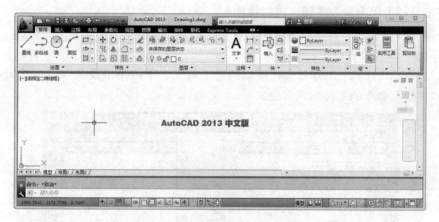

图 1 - 9　AutoCAD 2013 工作界面

图 1 - 10　AutoCAD 2014 工作界面

1.3 AutoCAD 命令的操作方法

在 AutoCAD 系统中，输入命令后，系统对命令做出响应，在命令行显示命令的执行状态或给出执行命令所需进一步选择的选项，待用户正确选择后，系统完成命令的操作。可见，命令的执行过程是人机交互的过程，命令行就是人机交互的窗口，初学者一定要关注这个区域，随时查看系统提示，以便做出正确的选择。

1.3.1 命令的输入方式

常用的命令输入方式如下。
- 在命令面板上单击命令按钮（鼠标操作）。
- 在下拉菜单中选择命令（鼠标操作）。
- 在工具栏上单击命令按钮（鼠标操作）。
- 在命令行输入命令名称（键盘操作）。

1. AutoCAD 经典界面的命令输入

在"AutoCAD 经典"工作界面，可以通过工具栏、下拉菜单及命令行来输入命令，图 1-11 是"直线"命令的三种输入方法。

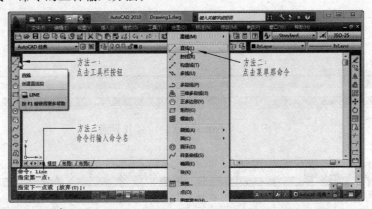

图 1-11 "AutoCAD 经典"界面命令的三种输入方法

使用菜单和工具栏，因为不需要记住命令名称，这是初学者易于接受的操作方式。但熟记一些常用命令，在命令行输入是值得提倡的方法。一些常用命令都有 1~3 个字符的简化名称（称为命令别名）。只要熟记这些简化命令，命令行输入便会得心应手。

2. Ribbon 界面的命令输入

在 AutoCAD 默认的工作界面，主要通过功能区和命令行来输入命令，图 1-12 是"直线"命令的鼠标输入方法，图 1-13 是"直线"命令的键盘输入方法。

注意：键盘输入命令后必须回车（空格键可代替回车键），鼠标输入无需回车。

1.3.2 命令的交互响应

在命令输入后，AutoCAD 系统要求输入数据或选择参数，只有操作者做出正确的响应，命令才能正常完成。要正确响应命令提示，必须读懂命令提示信息。AutoCAD 的命令提示

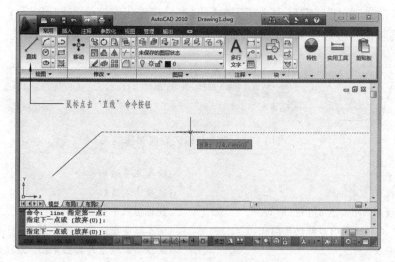

图 1-12　鼠标输入"直线"命令

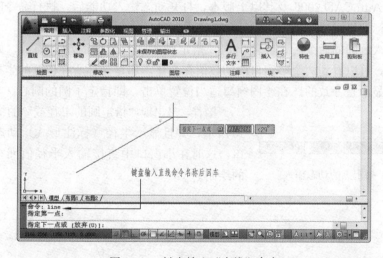

图 1-13　键盘输入"直线"命令

具有统一的格式，其格式为：

当前操作或［**选项**］＜**当前值**＞：

当前操作是默认的响应项，可直接响应不必选择。

选项显示在方括号中，有多个选项时，用斜线分隔各选项。需要选择某选项的功能时，直接在键盘输入该选项后小括号内的字母。

当前值是默认值，当欲输入的值与该值相同时，不必重复输入，按回车即可。

1. 从命令行来响应 AutoCAD 的提示

例如，输入画圆的命令，提示行的信息显示为：

指定圆的圆心或［三点（3P）/两点（2P）/相切、相切、半径（T）］：

"指定圆的圆心"就是当前操作项，可以直接输入圆心位置坐标，或用鼠标在屏幕上点击，拾取点就是圆的圆心。

"三点（3P）/两点（2P）/相切、相切、半径（T）"就是三个命令选项。如果要使用三点方式画圆，从键盘输入"3P"（字母大小写无关）回车，接着指定三个点即可。

下面以绘制正五边形为例，说明命令交互响应的操作方法（图 1-14）：

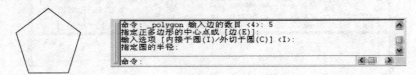

图 1-14　命令行输入数据和选项

命令：polygon	;输入正多边形命令
输入边的数目 <4>：5	;键盘输入边数
指定正多边形的中心点或 [边(E)]：	;鼠标拾取中心点
输入选项 [内接于圆(I)/外切于圆(C)] <I>：	;回车接受默认值，即绘制内接于圆的正五边形
指定圆的半径：	;鼠标拾取确定外接圆半径，或键盘输入半径值

2. 利用动态输入来响应 AutoCAD 提示

如果使用 AutoCAD 2006 及其以上版本，打开动态输入功能后，执行命令时屏幕上会出现动态跟随光标的提示。

例如，输入画圆的命令后，屏幕出现"指定圆的圆心或"的动态提示，如图 1-15 所示。移动鼠标，可以看到两个小窗口内的数值在变化，那是光标所在位置的坐标，这个显示与状态栏上的显示是一致的。在绘图窗口适当位置单击，即指定了圆的圆心。

图 1-15　指定点的动态输入

接着，又出现"指定圆的半径或"的提示，如图 1-16 所示，并且显示半径（标注形式）动态变化的小窗口，这时在小窗口中直接输入半径值回车，即完成圆的绘制。

图 1-16　数值的动态输入

又如，按"圆心一直径"作圆，指定圆心后，在"指定圆的半径或"提示下，按键盘向下的方向键弹出命令选项，用方向键选择（也可以用鼠标选择）"直径（D）"，在小窗口输入直径并回车，如图 1-17 所示。

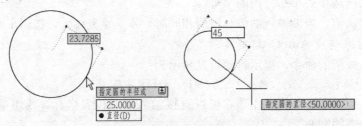

图 1-17　命令选项的动态输入

1.4 点的输入方法

创建精确的图形是设计的基本要求，绘制精确图形的关键是准确指定点的坐标，这不仅指输入点的坐标值，更重要的是利用辅助工具自动捕捉需要的点，或自动追踪到目标点。

1.4.1 点的坐标

AutoCAD 默认设置下的绘图平面为 XOY 平面，水平从左向右为 X 轴，垂直从下向上为 Y 轴，坐标原点位于屏幕左下角。这个默认的坐标系也称为世界坐标系 WCS。在设计中，可以采用绝对坐标或相对坐标方式确定一个点。

1. 绝对坐标

绝对坐标是以原点（0，0）定位的坐标，如图 1-18（a）所示，A 点的绝对坐标为（2，1），表示 A 点距原点的水平距离为 2，距原点的垂直距离为 1；B 点的绝对坐标为（5，3），表示 B 点距原点的水平距离为 5，距原点的垂直距离为 3。从键盘输入坐标时，X、Y 坐标之间用英文逗号"，"分隔，不加小括号"（）"。

2. 相对坐标

相对坐标是相对前一点的偏移量，又分为相对直角坐标和相对极坐标（也简称极坐标）两种，如图 1-18（b）、（c）所示。

相对直角坐标用坐标增量表示，输入时坐标前加一个"@"符号，形式为：@Δx，Δy。如图 1-18（b）所示，B 点相对 A 点来说，X 坐标增加 3 个单位、Y 坐标增加 2 个单位，因此 B 点对 A 点的相对坐标表示为@3，2。

极坐标用距离和角度表示：@长度＜角度。如图 1-18（c）所示，C 点相对 A 点的距离为 4 个单位，两点连线与 X 轴正向夹角 30°。因此，B 点相对 A 点的极坐标表示为：@4＜30。

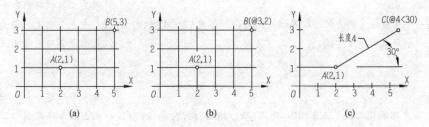

图 1-18 绝对坐标与相对坐标

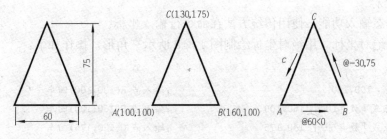

图 1-19 用绝对坐标与相对坐标定位点

如图 1-19 所示，用不同的坐标定位同一个三角形的 A、B、C 三个顶点。

绝对坐标：先指定 A（100，100），随后确定 B（160，100）、C（130，175）。

相对坐标：随意指定 A 点，则 B 点极坐标为@60＜0（相对前一点 A），C 点的相对坐标为@－30，75（相对前一点 B）。

1.4.2 点的输入方法

很多命令需要指定点，直线要指定端点，圆要指定圆心，矩形要指定角点等。Auto-CAD 中指定点的方法有如下几种。

1. 鼠标拾取点

AutoCAD 提示指定点的时候，就可以用鼠标在绘图区域内点击，点击一个点，即输入了这个点的坐标。如图 1-20 所示的各点，均可用鼠标点击来输入点的坐标。

图 1-20 用鼠标拾取点

直线：

命令：line	;输入直线命令 line 回车
指定第一点：	;鼠标点击点 1
指定下一点或 [放弃(U)]：	;鼠标点击点 2
指定下一点或 [放弃(U)]：	;鼠标点击点 3
指定下一点或 [闭合(C)/放弃(U)]：	;鼠标点击点 4
指定下一点或 [闭合(C)/放弃(U)]：	;回车或按空格键，结束命令

矩形：

命令：_rectang	;点击工具栏矩形命令按钮
指定第一个角点或 [倒角(C)/标高(E)/圆角(F)/厚度(T)/宽度(W)]：	;点击点 1 确定一个角点
指定另一个角点或 [尺寸(D)]：	;点击点 2 确定对角点

圆：

命令：c	;输入圆简写命令 c 回车
CIRCLE 指定圆的圆心或 [三点(3P)/两点(2P)/相切、相切、半径(T)]：	;点击点 1 确定圆心
指定圆的半径或 [直径(D)]：	;点击点 2 确定半径

2. 输入坐标

先关闭动态输入功能，使用传统方法在命令行输入坐标。

（1）输入绝对坐标。用绝对坐标绘制图 1-19 所示三角形，操作如下：

命令：LINE	
指定第一点：100,100	;输入点 A(100,100)回车
指定下一点或 [放弃(U)]：160,100	;输入点 B(160,100)回车
指定下一点或 [放弃(U)]：130,175	;输入点 C(130,175)回车
指定下一点或 [闭合(C)/放弃(U)]：c	;输入选项 c 回车，闭合三角形后退出命令

（2）输入相对坐标。用相对坐标绘制图 1-19 所示三角形，操作如下：

```
命令：_line
指定第一点：                        ;点击工具栏直线命令按钮，点击第一点(A点)
指定下一点或 [放弃(U)]：@60,0        ;输入B点相对坐标(相对前一点A)回车
指定下一点或 [放弃(U)]：@-30,75      ;输入C点相对坐标(相对前一点B)回车
指定下一点或 [闭合(C)/放弃(U)]：c    ;输入选项c回车，闭合三角形，退出命令
```

（3）输入极坐标。用极坐标绘制边长为 50 单位的正五边形，如图 1-21 所示，按逆时针绘制，各边长度均为 50，方向依次增加 72°，操作如下：

```
命令：l LINE
指定第一点：                          ;鼠标指定左下角
指定下一点或 [放弃(U)]：@50<0
指定下一点或 [放弃(U)]：@50<72
指定下一点或 [闭合(C)/放弃(U)]：@50<144
指定下一点或 [闭合(C)/放弃(U)]：@50<216
指定下一点或 [闭合(C)/放弃(U)]：c
```

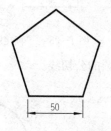

图 1-21　五边形绘制

3. 直接距离输入

执行直线命令并指定了第一点后，移动光标指示方向，然后输入相对前一点的距离来确定下一点的方法，称为直接距离输入。通常配合极轴功能一起使用，即由极轴确定画线方向，键盘输入确定画线长度。

配合"极轴"直接距离输入绘制如图 1-22 所示图形，确保"极轴追踪"功能开启，并按图示设置极轴（极轴的设置参见第 2 章），操作如下：

```
命令：_line
指定第一点：                          ;鼠标点击1点
指定下一点或 [放弃(U)]：25            ;向左移动光标出现180°极轴，输入25画线至2点
指定下一点或 [放弃(U)]：65            ;向下移动光标出现270°极轴，输入65画线至3点
指定下一点或 [闭合(C)/放弃(U)]：50    ;向右移动光标出现0°极轴，输入50画线至4点
指定下一点或 [闭合(C)/放弃(U)]：30    ;向上移动光标出现90°极轴，输入30画线至5点
指定下一点或 [闭合(C)/放弃(U)]：c     ;输入c回车，闭合图形
```

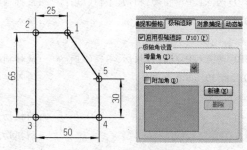

图 1-22　直接距离输入

修改设置，将极轴增量角设置为 30°，用直线命令可以方便地绘制出正六边形（图 1-

23），操作序列如下：

命令：l LINE

指定第一点：   ；鼠标点击1点

指定下一点或［放弃(U)］：50   ；向右移动光标出现0°极轴路径，输入50至2点

指定下一点或［放弃(U)］：50   ；向右上移动光标出现60°极轴路径，输入50至3点

指定下一点或［闭合(C)/放弃(U)］：50 ；向左上移动光标出现120°极轴路径，输入50至4点

指定下一点或［闭合(C)/放弃(U)］：50 ；向左移动光标出现180°极轴路径，输入50至5点

指定下一点或［闭合(C)/放弃(U)］：50 ；向左下移动光标出现240°极轴路径，输入50至6点

指定下一点或［闭合(C)/放弃(U)］：c ；输入c回车，闭合图形

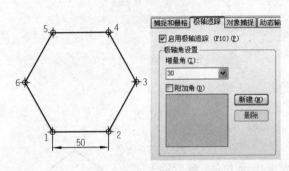

图1-23 "直接距离输入"绘制正六边形

4. 使用"对象捕捉"

很多情况下，待输入的点是已有对象上的特征点，如直线的端点、中点；圆的圆心、直线与圆切点等。这时，需要配合"对象捕捉"功能（参见第2章），利用鼠标获取这些点。

如图1-24所示，如果已有长度80的直线，需要以其两端点为圆心，绘制直径分别为$\phi70$和$\phi40$的两个圆，并且绘制出两圆的公切线。

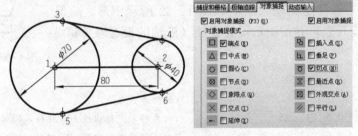

图1-24 "对象捕捉"输入点

首先参考图示设置对象捕捉，绘图操作如下：

命令：circle

指定圆的圆心或［三点(3P)/两点(2P)/相切、相切、半径(T)］： ；鼠标捕捉左端点作为为圆心1

指定圆的半径或［直径(D)］：35   ；输入半径35

命令：circle

指定圆的圆心或［三点(3P)/两点(2P)/相切、相切、半径(T)］： ；鼠标捕捉右端点作为圆心2

指定圆的半径或［直径(D)］＜35.0000＞：20 ；输入半径20

命令：line

指定第一点：   ；捕捉切点3,在点3附近拾取圆

指定下一点或［放弃(U)］：   ；捕捉切点4,在点4附近拾取圆

指定下一点或［放弃(U)］：   ；回车结束命令

命令：line

指定第一点：   ；捕捉切点5,在点5附近拾取圆

指定下一点或 ［放弃(U)］：　　　　　　　　　　　　；捕捉切点 6，在点 6 附近拾取圆

指定下一点或 ［放弃(U)］：　　　　　　　　　　　　；回车结束命令

5. 使用"对象追踪"

有的点无法用对象捕捉直接获取，如图 1-25 所示，圆心在矩形中点以上 50，可以利用"对象追踪"功能，以中点为参照向上追踪指定点。关于对象追踪的详细操作方法，将在第 2 章介绍。

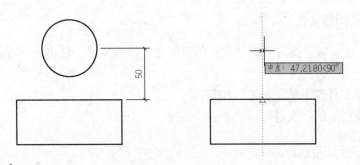

图 1-25　对象追踪

6. 动态输入

"动态输入"是一种更加直观输入方式，详细讨论参见第 2 章。图 1-26 是使用"动态输入"的一个例子，操作要点如下：

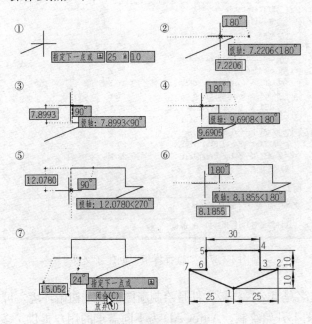

图 1-26　动态输入

①执行直线命令，鼠标点击输入点 1，再输入点 2 的相对坐标。

②向左移动光标，配合极轴，输入 10 回车，确定点 3。

③向上移动光标，配合极轴，输入 10 回车，确定点 4。

④向左移动光标，配合极轴，输入 30 回车，确定点 5。

⑤向下移动光标，配合极轴，输入 10 回车，确定点 6。

⑥向左移动光标，配合极轴，输入 10 回车，确定点 7。

⑦按向下方向键展开选项列表，选择闭合完成图形，命令结束。

1.5 AutoCAD 的文件操作

1.5.1 创建新的图形文件

当用户想创建一幅新图时，就要用到创建新文件的命令了。创建一个新的图形文件，有以下几种方法。

● 单击标准工具栏上的"新建"按钮 🗋 。

● 单击菜单栏上的"文件"→"新建"命令。

● 命令：NEW。

1. 选择样板文件开始新图

新建图形时会弹出"选择样板"对话框，如图 1-27 所示。

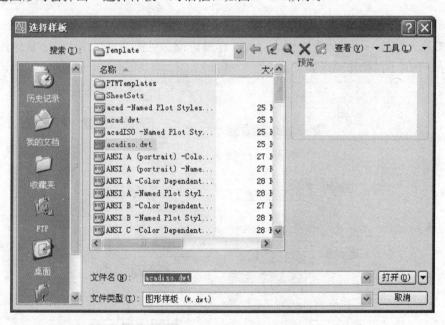

图 1-27 "选择样板"创建新文件

样板文件的扩展名是 dwt。样板文件是绘制新图的一个初始环境，可以看成是一张"底图"，新图在这个底图上开始绘制。AutoCAD 为不同需求的用户提供了多个样板文件，其中以"Gb"开头的是符合"国标"的样板文件。另外，acad. dwt、acadiso. dwt 分别是英制和公制样板文件，对应的绘图范围分别是 $12×9$ 和 $420×297$。推荐以 acadiso. dwt 开始新图，或者选择自己定制的样板文件。关于样板文件的创建与使用，将在下节介绍。

2. 为新建图形指定默认样板

操作如下：

（1）单击"工具"→"选项"，弹出"选项"对话框，如图 1-28 所示。

（2）单击"文件"标签，在"搜索路径、文件名和文件位置:"列表窗口中展开"样板设置"，选择"快速新建的样板文件名"，再单击"浏览"按钮，弹出"选择样板"对话框。

（3）在"选择样板"对话框中，选择欲使用的样板文件，例如 acadiso.dwt，单击"打开"按钮。

（4）返回"选项"对话框，单击"确定"完成设置。

这样设置后，单击标注工具栏新建按钮，不会出现"选择样板"对话框了，它以上述默认样板开始新图。但是执行"文件"→"新建"命令或输入 NEW 命令时，仍然出现"选择样板"对话框。

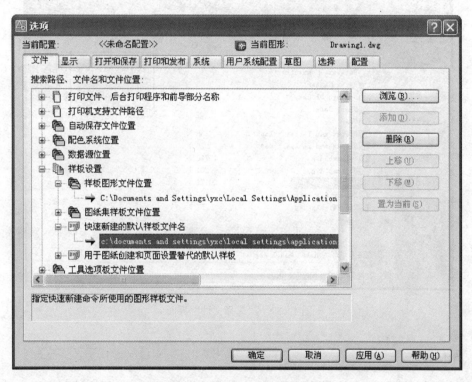

图 1-28　"选项"对话框

1.5.2　打开 AutoCAD 图形文件

AutoCAD 图形文件是以 dwg 为扩展名的文件，对于已经存在的 AutoCAD 图形文件，如果想对它们进行修改或查看，就必须用 AutoCAD 软件打开该文件。

打开 AutoCAD 图形文件的方法有如下几种：

● 单击菜单栏"文件"→"打开"命令。

● 点击标准工具栏上打开按钮。

● 命令：OPEN。

1. 打开文件

启动命令，显示如图 1-29 所示"选择文件"对话框中，在"搜索"下找到要打开文件所在的目录。在该目录下选择一个文件，单击"打开"按钮或双击选择的文件名，该图形文件即打开显示在图形窗口中。

在 Windows 下浏览到目标文件夹，双击图形文件名，也可以打开图形文件。

2. 多图形模式界面

AutoCAD 提供多图形操作模式，即在一个 AutoCAD 进程中可以打开多个图形文件，这些图形文件之间可以相互复制、粘贴。在"窗口"菜单下可以切换当前窗口显示的图形，或按 Ctrl+Tab 实现切换。

图 1-29　"选择文件"界面

1.5.3　保存文件

保存文件就是把用户所绘制的图形，以文件形式存储起来。在用户绘制图形的过程中，要养成经常保存的好习惯，以减少因计算机死机、程序意外结束或突然断电所造成的数据丢失现象。下面介绍两种常用的保存方法。

1. 快速保存

快速保存是以当前文件名及其路径存入磁盘。操作方法有以下几种：

● 选择"文件"→"保存"命令。

● 单击标准工具栏上"保存"按钮█。

● 命令：SAVE。

如果图形文件是第一次保存，会弹出"图形另存为"对话框，指定文件夹，输入文件名，点击"保存"按钮。

2. 文件另存为

"文件另存为"命令是将当前文件用另外一个名字或路径进行保存。操作方法：

● 单击菜单栏"文件"→"另存为"命令。

● 命令：SAVEAS。

这时，程序会弹出"图形另存为"对话框，选择文件夹，输入文件名（文件扩展名".dwg"不必输入，系统自动添加），点击"保存"按钮。

1.6 设置绘图环境

在 AutoCAD 中绘制图形时，需要首先定义符合要求的绘图环境，如指定绘图单位、图形界限、设计比例、设计样板、布局、图层、文字样式和标注样式等参数。我们称这个过程为设置绘图环境。设置好的绘图环境可以保存为样板文件，以后都能直接使用该样板文件定制的绘图环境，无须重复定义，并且可以最大限度地规范设计部门内部的图纸，减少重复性的劳动。下面就对这些绘图环境及其设置进行介绍。

1.6.1 图形单位

AutoCAD 不使用预先定义的测量单位系统（例如，米或英寸）。开始绘图前，必须基于要绘制的图形确定一个图形单位代表的实际大小，然后据此惯例创建实际大小的图形。例如，一个图形单位的距离通常表示实际单位的一毫米、一厘米或一米。

图形单位的显示格式与精度可以预先设置，启动设置命令的方法有如下两种：

● 选择菜单栏"格式"→"单位"。

● 命令：UNITS（UN）。

激活命令后弹出"图形单位"对话框，如图 1 - 30 所示。在这个对话框中，可以对长度和角度的单位格式与精度进行设置。

1. 长度单位

在"类型"列表中有 5 种单位格式：分数、工程、建筑、科学、小数。

其中"小数"为十进制记数方式；"分数"为分数表示法；"科学"为科学记数方式；"建筑"与"工程"采用的是英制单位体系。推荐选择"小数"格式，它是符合"国标"的长度单位格式。

以上 5 种长度单位格式中，只有"建筑"与"工程"格式假定每个图形单位为 1 英寸，

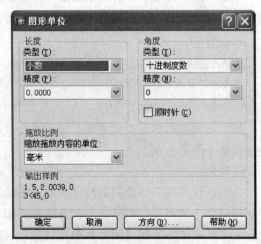

图 1 - 30 "图形单位"对话框

其他格式的每个图形单位可以表示 1mm、1m 等任何真实世界单位。实际绘图时，可以视绘图单位为图形尺寸标注的单位，通常将 1 个绘图单位视为 1mm。

在"精度"下拉列表中，可以选择长度单位的测量精度，比如选择"0.00"精度，表示精确到小数点后面 2 位。

2. 角度单位

AutoCAD 同样提供了 5 种角度单位类型：百分度，度、分、秒，弧度，勘测单位，十进制度数。

其中，"十进制度数"是用十进制表示角度值；"百分度"是一种特殊的角度测量单位，通常不使用百分度单位；"度、分、秒"是用"°、′、″"来表示角度，这是最普通的角度单位；"弧度"是用弧度单位来表示角度；"勘测单位"是大地坐标的测量单位，需要指定方位和角度值。通常使用"十进制度数"来表示角度值。

在"角度"区的"精度"下拉列表中，可以选择角度单位的精度，比如选"0"精度，表示不保留小数位。

1.6.2　图形界限

图形界限指的是可以绘图的范围，就像图纸一样，它有一个"虚拟"的边界。

激活"图形界限"命令的方法有两种：

● 选择菜单"格式"→"图形界限"。

● 命令：LIMITS。

命令操作序列如下：

```
命令：limits                                    ;从菜单栏输入命令
重新设置模型空间界限：
指定左下角点或 [开(ON)/关(OFF)] <0.0000,0.0000>：   ;指定图形界限的左下角点坐标
指定右上角点 <420.0000,297.0000>：              ;指定图形界限的右上角点坐标
```

如果以（0，0）作为左下角点，那么右上角点的坐标就是绘图区域宽度和高度。

例如，绘制图 1-31 所示平面图（外形最大总尺寸为 11640mm×7440mm），使用 A4 图幅 1：100 打印，则可以设置图形范围为 A4 的 100 倍，即 29700×21000，操作如下：

```
命令：limits
重新设置模型空间界限：
指定左下角点或 [开(ON)/关(OFF)] <0.0000,0.0000>：   ;直接回车,接受默认值
指定右上角点 <420.0000,297.0000>：29700,21000      ;指定右上角点坐标为范围大小
```

提示：当图形界限设置完毕，需要执行菜单"视图"→"缩放"→"全部"命令，才能观察到整个图形范围。

说明两点：

（1）默认环境下，绘图的尺寸大小并不受绘图范围的限制，即不设置绘图范围仍然可以绘制任意大小的图形。但是，当打开图形界限检查后，AutoCAD 将限制图形界限之外的坐标输入（显示"＊＊超出图形界限"信息）。打开界限检查的操作如下：

```
命令：limits
重新设置模型空间界限：
指定左下角点或 [开(ON)/关(OFF)] <0.0000,0.0000>：on   ;打开界限检查,默认是关闭的
```

（2）设置图形界限后，该界限和打印图纸时的"图形界限"选项，以及绘图栅格的显示区域一致。

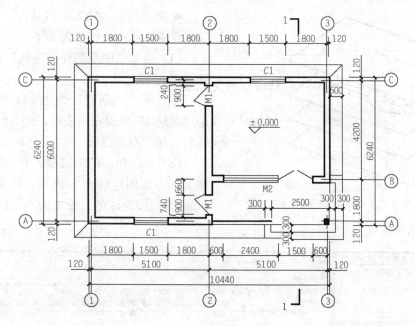

图 1-31   平面图

1.6.3   对象的基本特性

工程图中表达工程形体或零部件需要多种不同的线型，有实线、虚线和点画线，还有粗实线和细实线之分。在 AutoCAD 中创建的图形对象除了具有不同的线型和线宽特性外，同时还具有图层、颜色、打印样式等特性。我们称这些特性为对象的基本特性。下面介绍图层、颜色、线型和线宽的设置。

1. 图层的概念

图层是一个用来组织图形中对象显示的工具。绘图中的每一个对象都必须在一个图层上，每一个图层具有唯一的图层名，都必须有一种颜色、线型和线宽。可以形象地认为，图层就像透明的绘图纸，一张图由多张这样的透明纸组成，每一图层上都可以绘制图形对象，并且可以透过一个或多个图层看到它下面的其他各图层。各图层之间完全对齐，具有同一坐标系。因此，一张完整的图就是这些图层叠合后的结果。

例如，图 1-32 所示的图形可以分 4 个图层，分别用于点画线、粗实线的绘制，以及标注尺寸与文字，如图 1-33 所示。

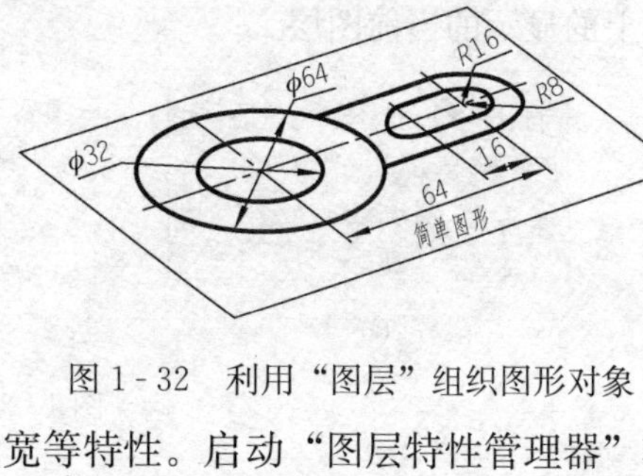

2. 图层的设置

"图层特性管理器"（图 1-34）对话框用于

图 1-32   利用"图层"组织图形对象

图层的创建与管理，并为图层设置颜色、线型、线宽等特性。启动"图层特性管理器"有如下几种方法：

● 功能区："常用"选项卡→"图层"面板"图层特性"按钮 。
● 工具栏："图层"工具栏"图层特性"按钮 。

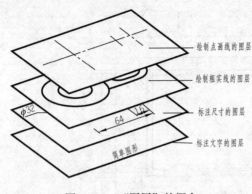

图 1-33　"图层"的概念

● 命令行：LAYER（LA）。

设置图层的操作步骤如下：

（1）启动"图层特性管理器"对话框，如图 1-34 所示。

（2）单击"新建" 按钮，一个新的图层"图层 1"出现在列表中，随之将"图层 1"改名（如"点画线"）。

（3）单击相应的图层颜色名、线型名、线宽值，为该图层颜色、线型、线宽。如指定"点画线"层为红色、线宽为 0.2mm、线型为 Center2（点画线）。

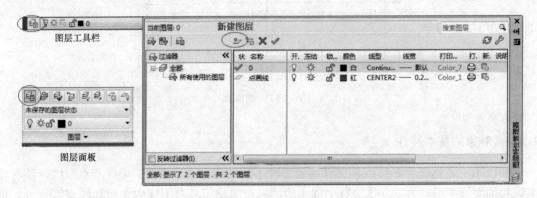

图 1-34　图层设置

（4）重复（2）、（3）步，创建其他图层。

3. 当前图层

一张图可以有任意多个图层，但当前图层只有一个，设置当前图层的方法是点击图层列表中对应的图层名，也可以在"图层特性管理器"选择一个图层，然后单击"置为当前"按钮 。新建的对象在当前图层上，直至改变当前层为止。

图 1-35（a）所示为"图层"面板上显示的当前图层；图 1-35（b）所示为"图层"工具栏上的显示的当前图层。

（a）　　　　　　　　　　　　　　　　　　（b）

图 1-35　设置当前图层

4. 当前颜色、当前线型、当前线宽

新建对象在当前图层，对象的颜色、线型、线宽取决于当前对象特性的设置。其默认设置均为"随层"（ByLayer），如图 1-36 所示。即新建对象的颜色、线型、线宽与当前图层的设置相同。图 1-36 (a) 为特性面板显示的当前特性，图 1-36 (b) 为特性工具栏的显示。

图 1-36　当前对象特性

(a) "特性" 面板；(b) "特性" 工具栏

例如，以图 1-34 设置的 "点画线" 层为当前层，将绘制出 0.2mm 宽的红色点画线。

对象特性 "随层" 的优点在于：修改图层设置后，对象特性随之更新。例如，将 "点画线" 层 "红色" 改为 "蓝色"，则已绘制的点画线自动改为蓝色。

必要时，也可以自定义当前特性，即指定一种特定的颜色、线型或线宽。但更改了对象的 "随层" 特性，新建对象将与图层的设置无关。如图 1-37 所示的自定义特性，无论以哪个图层为当前层，新建对象都是 "0.3mm 宽的蓝色实线"。

图 1-37　自定义对象特性

1.6.4　创建样板文件

在完成上述绘图环境的基本设置后，就可以正式开始绘图了。但如果每一次绘图前都要重复这些设置，是很烦琐的。另外，一个设计部门内部，每个设计人员都自己来做这个工作，不但效率低，还将导致图纸规范的不统一。

为了按照规范统一设置图形和提高绘图效率，使得本单位的图形具有统一格式，如文字样式、标注样式、图层、布局等，必须创建符合自己行业或单位规范的样板文件。在 Auto-CAD 中，设置的绘图环境可以保存为样板文件，并把自己的样板文件设置为新建图形的默认样板文件。这样，新建图形中就已经具有了保存在样板文件中的绘图环境设置。

保存样板文件的方法是：

(1) 单击 ▲→ "另存为" 🖫，弹出 "图形另存为" 对话框。

(2) 在 "文件类型" 选项列表中选择 "AutoCAD 图形样板（*.dwt）"。

(3) 在 "保存于" 选择保存样板文件的文件夹，在 "文件名" 输入框输入文件名。

(4) 单击 "保存" 按钮，完成设置。

样板文件中文字样式、尺寸样式、布局及打印样式是样板文件中的重要部分，其设置方法以上没有提及，将在后续章节专门介绍。

样板文件创建好后，就可以用图 1-28 所示方法，将自己的样板文件设置为新图形的默认样板文件。

本 章 小 结

本章先认识了 AutoCAD 的操作界面，介绍了打开/关闭"工具栏"或定制"面板"的方法。了解命令的提示格式及交互式操作方法是正确响应命令提示基础，1.3 节介绍了这方面的内容。点的输入方式有多种，输入相对坐标、输入直接距离是基础，极轴、对象捕捉、对象追踪是精确绘图的有效工具，动态输入是更为直观的输入方式，辅助工具下一章还有详细介绍。

设置专业化的绘图环境并创建 AutoCAD 样板文件，是规范设计图纸所必需的，但对于初学者在基础学习阶段，只要能利用系统默认样板文件 acadiso. dwt 建新图，根据需要设置必要的图层即可。

本 章 思 考 题

1. AutoCAD 的状态栏包含什么内容？常用的是哪些？

2. 如何显示或关闭工具栏？AutoCAD 常用的工具栏有哪些？

3. 如何终止一个命令的执行？重复执行上一个命令的方法是什么？响应命令的操作过程中，"回车"键与"空格"键作用一样吗？

4. "正交模式"与"极轴追踪"功能的相同点和不同点是什么？

5. 绘制直线时，直接距离输入配合 AutoCAD 的什么功能使用更方便？

6. 获取已有对象上的特征点需要 AutoCAD 的什么功能？

7. AutoCAD 默认的保存图形文件格式的后缀名是什么？样板文件的后缀名是什么？后缀名必须输入吗？

8. AutoCAD 可以在图形界限外绘制图形吗？

9. AutoCAD 软件设置单位的精度会改变图形的精度吗？

10. 图层 A 的设置为：红色、点画线、默认宽度，可是以"A"为当前层，发现绘制的图线为蓝色粗实线。这是为什么？

11. 样板文件 acad. dwt 和 acadiso. dwt 对应的绘图范围是 12×9 和 420×297。试一试，新建文件后屏幕绘图区显示的范围是多大？如何使绘图窗口与默认的绘图范围一致？

12. 样板文件有什么用处？如何定制样板文件？

第2章 绘图辅助工具

本章知识要点

● 栅格与捕捉的概念。

● 正交与极轴，极轴的设置与使用方法。

● 对象捕捉的概念、设置与使用方法。

● 对象追踪的概念、设置与使用方法。

● 动态输入方法。

● 视图的缩放与平移操作，鼠标中键的使用。

● 查询对象的几何特性，如距离、面积等。

2.1 精确绘图工具

在工程设计过程中，工程图不仅能反映设计者的设计意图，同时还能从图形中提取相关的数据，例如，提取距离、面积和体积等参数。因此，需要设计者能够精确绘图，Auto-CAD 提供了强大的精确绘图的功能，包括捕捉、栅格、正交、极轴、对象捕捉、对象追踪和动态输入等，各项功能都对应状态栏上一个按钮，如图 2-1 所示。鼠标点击一个按钮，即可打开或关闭对应的功能，也可以按快捷键来开关相应的功能，例如，按 F3 可以打开或关闭"对象捕捉"功能；按 F10 可以打开或关闭"极轴"功能。

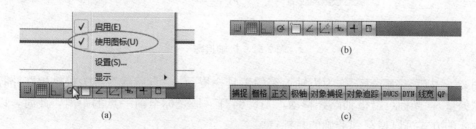

图 2-1　精确绘图的辅助工具

(a) 右键快捷菜单；(b) 图标显示；(c) 文字显示

下面介绍各种辅助工具的功能与使用方法。

2.1.1 栅格与捕捉

"栅格"指显示在绘图区域（limits 命令定义的区域）内的点阵图案。显示栅格后，绘图区域背景就像一张坐标纸一样，·可用于绘图时的参考，它可以直观地显示对象的大小及对象间的距离。在输出图纸时，栅格并不打印。

"栅格"经常配合"捕捉"一起使用。开启"捕捉"功能，移动鼠标会发现光标在栅格点间"跳跃"式移动，光标准确地对准到栅格点上。例如，绘制直线时，用鼠标拾取点时，直线的端点被准确地定位在栅格点。

默认设置下，栅格间距与捕捉间距相等，X、Y 方向间距均为 10 个图形单位。

2.1.2 正交与极轴

"正交"与"极轴"都是为了准确追踪一定角度而设置的绘图功能，不同的是正交功能出现比较早，它仅能追踪到水平和垂直方向，而极轴是后来出现的更强的绘图工具，可以追踪用户预先设定的任何角度。

点击状态栏"正交"或"极轴"按钮，即可打开或关闭相应功能，正交和极轴不能同时开启，打开一个自动关闭另一个。

1. 正交模式

正交模式是模拟手工绘图时丁字尺与三角板在图板上配合绘制水平线和垂直线的一种功能。打开正交后，光标限制在水平或垂直方向移动，定义位移的拖引线就究竟沿哪个轴的方向，这取决于光标距水平轴或垂直轴哪个近一些。

2. 极轴追踪

使用极轴追踪，可以使光标沿预先设定的方向移动，它是比正交更为强大的功能，在 AutoCAD2000 及其以上的版本中，建议多使用"极轴"功能。

极轴追踪的角度会在工具栏中显示出来，在动态输入下还显示其标注格式，更加直观，如图 2-2 所示，(b) 图为动态输入下的极轴追踪工具栏提示。

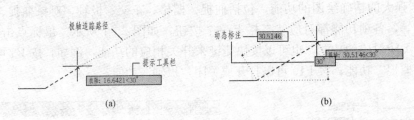

(a)   (b)

图 2-2 极轴追踪

图 2-2 中 极轴: 16.6421<30° 称为极轴追踪的工具栏提示；"点状线"称为极轴追踪路径（或称追踪矢量），光标可沿极轴路径移动，"16.6421"是光标至前一点的距离，此时，以直接距离输入的方式可以追踪到准确的目标点。

两种常用的极轴设置方法如下：

（1）鼠标右键单击"极轴"按钮，在弹出的菜单中选择增量角如 45°，如图 2-3（a）所示。

（2）鼠标右键单击"极轴"按钮，选择右键菜单的"设置"，弹出"草图设置"对话框，选择"极轴追踪"选项卡，在"增量角"下拉列表中，可以选择需要设置的角度或直接输入角度值，如图 2-3（b）所示。

在"极轴角测量"选项区有"绝对"和"相对上一段"两种选择。

● "绝对"表示根据当前坐标系确定极轴追踪角度。默认选择是"绝对"。

● "相对上一段"表示根据上一个绘制线段确定极轴追踪角度。

图 2-4 是用"直线"命令绘制正五边形的过程，极轴增量角设置为 72°。图 2-4（a）采用"绝对"方式，绘制的每条边依次增加 72°，即依次显示的极轴追踪角是 0°、72°、

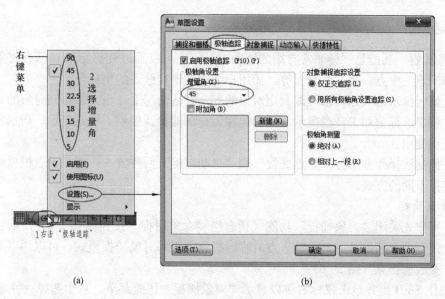

图2-3 极轴设置

144°、216°；图2-4（b）采用"相对上一段"方式，当前方向与上一段的方向总是增加72°。

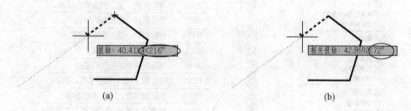

图2-4 绝对与相对极轴追踪
(a) 绝对；(b) 相对上一段

技巧：过已知直线的端点、中点或其他任意点（捕捉最近点）绘制垂直线，按图2-5设置极轴。

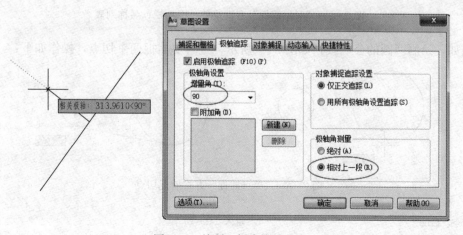

图2-5 绘制已知直线的垂线

2.1.3　对象捕捉

"对象捕捉"功能是一种非常有用的辅助工具，它可以通过光标拾取到已有对象的特定点上，如端点、中点、圆心、交点等，而用户无须知道这些点的坐标值。

不论何时提示输入点，都可以利用对象捕捉。默认情况下，当光标移到对象的对象捕捉位置时，将显示标记和工具栏提示。此功能称为自动捕捉，提供了视觉提示，指示出哪种对象捕捉正在使用。

对象捕捉按操作方法分"单点捕捉"和"自动捕捉"两种方式，用户可以根据绘图需要启用或变换不同的方式。

1. 单点捕捉

以下操作先关闭"对象捕捉"功能（状态栏"对象捕捉"按钮由亮变暗），单独使用单点捕捉方式。单点捕捉是在提示输入点时临时指定需要的对象捕捉模式，可以用以下任何一种操作来获取捕捉点（图2-6）：

● 按住 Shift 键并单击鼠标右键以显示"对象捕捉"快捷菜单，从中选择一种捕捉。
● 单击"对象捕捉"工具栏上的对应的对象捕捉按钮。
● 在命令行上输入对象捕捉的名称。

名称	功能
END	捕捉直线、圆、圆弧等的端点
MID	捕捉直线、圆弧等的中点
INT	捕捉直线、圆、圆弧等的交点
EXT	捕捉线段延长上的点
APP	捕捉延长后才相交的交点
CEN	捕捉圆（弧）、椭圆（弧）的中心
NOD	捕捉点对象、标注定位点等
QUA	捕捉圆（弧）、椭圆（弧）的象限点
INS	捕捉块、文字、图形的插入点
PER	捕捉垂足
TAN	捕捉切点
NEA	捕捉对象上距光标最近的点
PAR	捕捉与已知直线平行的直线上的点

图2-6　"对象捕捉"右键菜单、工具栏、名称列表

例如，绘制两圆的公切线，如图2-7所示，这时要捕捉两个切点，操作如下：

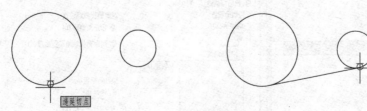

图2-7　"单点捕捉"方式捕捉切点

命令：line　　　　　　　　　　　　　;输入 line 回车

指定第一点：tan　　　　　　　　　　;输入捕捉切点的名称 tan 回车

到　　　　　　　　　　　　　　　；鼠标移至大圆上出现提示后单击左键，捕捉到切点

指定下一点或［放弃(U)］：tan　　　；再次输入 tan 回车

到　　　　　　　　　　　　　　　；鼠标移至小圆上出现提示后单击左键，捕捉另一个切点

指定下一点或［放弃(U)］：　　　　；回车结束

2. 自动捕捉

单点捕捉可以比较灵活地选择捕捉模式，但是操作比较烦琐。每次遇到指定点的提示时，都必须先选择捕捉模式。系统提供了另一种对象捕捉方式，这就是预设置的自动捕捉方式。用户可以一次选择多种捕捉模式，在执行命令提示指定点时，捕捉模式自动生效。

设置自动捕捉方式的两种方法：

(1) 鼠标右击"对象捕捉"按钮，在弹出的菜单中选择捕捉模式，如图 2-8 (a) 所示。

(2) 鼠标右击"对象捕捉"按钮，在菜单中选择"设置"，弹出"草图设置"对话框，点击"对象捕捉"选项卡，其中的"端点"、"圆心"、"交点"、"延长线"这 4 种是默认设置，用户根据需要勾选常用的对象捕捉模式，如图 2-8 (b) 所示。

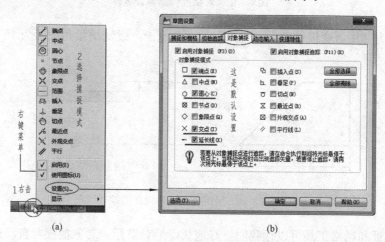

图 2-8　"对象捕捉"设置

2.1.4　对象追踪

"对象追踪"可以看成是对象捕捉和极轴追踪功能的综合应用。操作时，光标在对象捕捉点稍停留即产生一个标记点（黄色的小加号"＋"），移动光标至合适位置，会出现过标记点的追踪路径，如图 2-9 所示。这时，我们可以以该标记点为基准，沿追踪路径指定（可以直接距离输入）目标点。图中的工具栏提示与极轴追踪提示的含义类似。

为了使用"对象追踪"功能，必须同时打开"对象捕捉"和"对象追踪"，如图 2-10 (a) 所示。

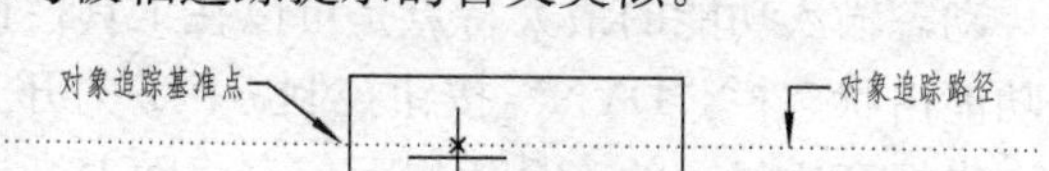

在"草图设置"的"极轴追踪"选项

图 2-9　对象追踪

卡上，对象追踪有两种设置供选择，如图 2-10 (b) 所示，两种设置的意义如下。

● 仅正交追踪，指只显示过标记点的水平和垂直追踪路径，这是默认设置。

● 用所有极轴角设置追踪，是指将极轴追踪的增量角设置应用到对象追踪，按增量角确定的各方向来显示追踪路径。

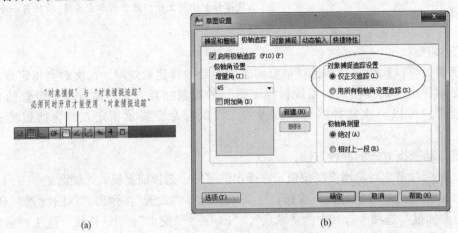

(a)　　　　　　　　　　　　　　　　(b)

图 2-10　对象捕捉追踪设置

图 2-11 为"用所有极轴角设置追踪"的一个例子，极轴增量角设置为 45°。

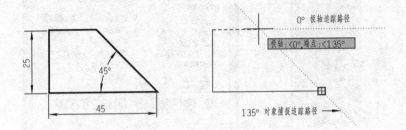

图 2-11　用所有极轴角设置追踪

如果说捕捉和栅格工具可以让我们更好地获得绝对坐标，对象捕捉与自动追踪则可以更容易地获得图形的相对坐标。而设计人员在设计绘图时，往往只关心图形各对象之间的相对位置，对于图形在图纸中处于什么方位（即绝对坐标）并不关心，因此捕捉和栅格工具用得越来越少，而几乎离不开的工具是对象捕捉和极轴追踪和对象捕捉追踪。所以，在 Auto-CAD2000 及以上各版本中，极轴、对象捕捉、对象追踪是默认打开的功能。

技巧：过已知直线端点、中点绘制垂直线，按图 2-12 设置。

2.1.5　动态输入

动态输入功能的最大特点是可以在工具栏提示中输入值，而不必在命令行输入。动态输入功能由状态栏"DYN"按钮控制，F12 为开关快捷键。

光标旁边显示的工具栏提示信息将随着光标的移动而动态更新，执行不同的命令，显示不同的工具栏提示。如图 2-13 所示，（a）图为直线命令执行中的动态工具栏，（b）图为夹点编辑直线时的动态工具栏。

设置"动态输入"的方法是：在"动态输入"按钮上单击右键，在快捷菜单选择"设置"，弹出"草图设置"对话框，在对话框选择"动态输入"选项卡，如图 2-14 所示。

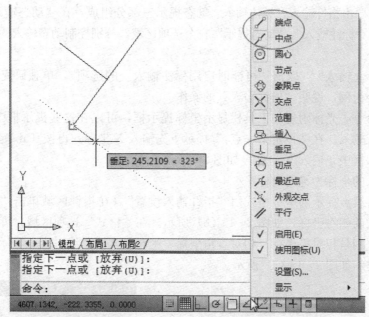

图 2-12　过端点、中点绘制垂线

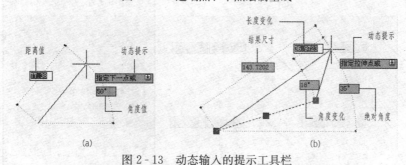

图 2-13　动态输入的提示工具栏

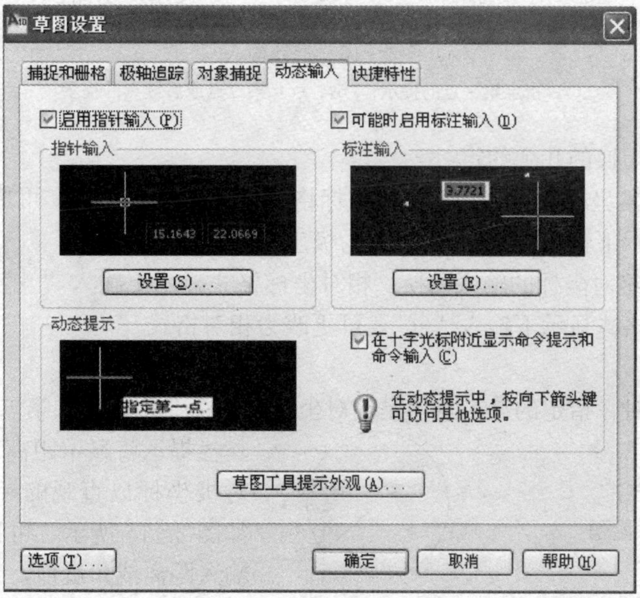

图 2-14　动态输入的设置

　　动态输入主要由指针输入、标注输入、动态提示三部分组成。在"动态输入"选项卡内，有"指针输入"、"标注输入"、"动态提示"三个选项区域，分别控制动态输入的三项功能。

　　1. 指针输入

　　先关闭"标注输入"（取消"可能时启用标注输入"的选项），单独研究"指针输入"。下面以直线命令为例，说明"指针输入"的操作。

　　执行直线命令，光标附近的工具栏显示坐标提示框，可以在这些提示框中输入坐标值，而不用在命令行输入。在"指定第一点："提示下先输入 X 坐标，再按 Tab 键（或"，"）切换到下一个提示框中，输入 Y 坐标，如图 2-15（a）所示。

　　第一点输入的坐标为绝对坐标。

　　第二点及后续点提示的坐标格式由"指针输入设置"（在指针区域单击"设置"）而定，默认为极轴格式的相对坐标，如图 2-15（b）所示。在"格式"选项区域，可以有四种不同的坐标格式，分别是相对极坐标、相对直角坐标、绝对极坐标、绝对直角坐标，各坐标格式对应的第二点提示如图 2-15（c）所示。

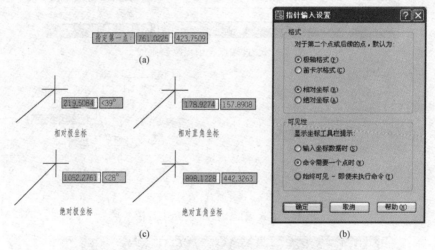

图 2-15　指针输入

（a）指定第一点的提示；（b）、（c）第二点或后续点的提示

　　坐标输入格式切换的几个约定：

　　● 极坐标与直角坐标的输入切换：极坐标格式显示下输入"，"，可更改为笛卡尔格式；笛卡尔坐标格式显示下输入"<"，可更改为极坐标格式。

　　● 相对坐标与绝对坐标的输入切换：相对坐标格式显示下输入"#"，可更改为绝对坐标格式；绝对坐标格式显示下输入"@"，可更改为相对格式。

　　2. 标注输入

　　启用标注输入时，指定的第一点仍是绝对坐标；当命令提示输入第二点及下一点时，工具栏提示将显示距离和角度值，即将相对极坐标以直观的标注形式显示出来，如图 2-16 所示。可以在工具栏提示中输入距离或角度值，按 Tab 可以移动到要更改的值。

图 2-16　标注输入

标注输人可用于直线、多段线、圆弧、圆和椭圆。

3. 动态提示

启用动态提示后，用户可以在工具栏提示中输入命令以及对命令提示做出响应。如果提示包含多个选项，按键盘向下箭头键可以查看这些选项，然后单击选择一个选项。动态提示可以与指针输入、标注输入一起使用，但不能单独使用（图 2-17）。

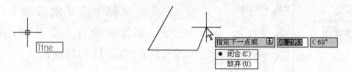

图 2-17　动态提示

从以上介绍看出，"动态输入"几乎取代了 AutoCAD 传统的命令行，因此可以关闭命令行，方法是按 Ctrl+9 组合键（再次按该组合键即可打开），会弹出警告提示，单击"是"即可。

2.2　视图的缩放和平移

应用 AutoCAD 设计绘图的过程中，经常需要对视图的显示进行调整，如观察整个设计图形或查看局部内容，这些操作需要对视图进行缩放和平移。

2.2.1　视图的缩放

按照一定的缩放比例、观察位置和角度显示的图形称为视图。默认环境下，图形窗口的图形显示即为视图。视图的放大和缩小只是缩放图形在屏幕上的视觉效果，并不改变图形的实际尺寸，也就是不改变图形中对象的绝对大小，而只能改变视图的显示比例。

"AutoCAD 经典"工作界面执行缩放命令如图 2-18 所示，常用的操作有：

- 单击菜单"视图"→"缩放"。
- 单击标准工具栏上命令按钮。
- 命令：ZOOM（Z）。

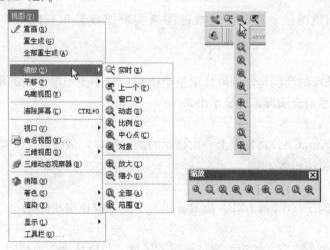

图 2-18　AutoCAD 经典界面"缩放"工具

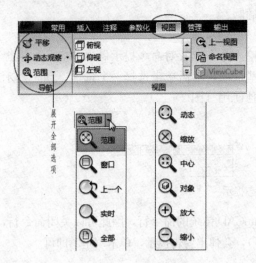

图 2 - 19　Ribbon 界面"缩放"工具

"二维草图与注释"工作界面执行缩放命令的方法如下：

● "视图"标签"导航"面板，如图 2 - 19 所示。

● 命令：ZOOM（Z）。

无论从哪个途径激活命令，都启动了 zoom 命令。缩放命令有多个选项，各选项的功能与各按钮的功能是相对应的。

命令：zoom

指定窗口的角点，输入比例因子（nX 或 nXP），或者

[全部(A)/中心(C)/动态(D)/范围(E)/上一个(P)/比例(S)/窗口(W)/对象(O)] <实时>：

● 指定窗口的角点，输入比例因子（nX 或 nXP）。

这是当前操作项。这个功能允许用鼠标来指定两个角点，根据用户指定的这两个对角点所构成的矩形区域，将该矩形区域中的图形放大到充满屏幕。

当前还可以这样操作：

输入 nX。根据当前视图指定比例，例如输入 2X 表示将当前视图放大 2 倍显示。

输入 nXP。指定相对于图纸空间单位的比例。

● 全部（A）

输入 a 回车，AutoCAD 将屏幕缩放到图形界限，或显示图形界限及包含整个图形的最大区域。

● 中心（C）

指定视图缩放中心点，将视图移动到绘图区域的中心，然后根据用户输入的放大比例值或高度值居中缩放视图，缩放比例常用相对缩放比例（nX）来控制视图的缩放。

● 动态（D）

AutoCAD 使用视图框动态确定缩放范围来实现缩放显示视图，动态框调整大小后回车。

● 范围（E）

"范围"这个选项的功能是，满屏显示整个图形，它不受图形界线的限制，它只把当前图形中的所有对象尽量充满屏幕地显示出来。

● 上一个（P）

输入 p 回车，AutoCAD 将恢复上一次显示的图形窗口，最多可以恢复前 10 次显示过的图形。与标准工具栏按钮 相同。

● 比例（S）

以指定的比例因子（nX 或 nXP）缩放显示。与默认操作项相同。

● 窗口（W）

缩放显示由两个角点定义的矩形窗口框定的区域。与默认操作项相同。与标准工具栏按钮 相同。

● 对象（O）

将选定的一个或多个对象尽可能大地显示，并使其位于绘图区域的中心。

● 实时

这是默认选项。输入命令后不选择选项，直接回车，这时在视图界面上的光标就会变成放大镜图标 Q^+ ，按住鼠标左键，拖动光标上、下移动，就可以实现放大、缩小，可以反复操作直至回车退出（或单击右键，选择快捷菜单的"退出"），还可以按 Esc 键退出。这个选项与标准工具栏按钮 相同。

这些选项中常用的是：全部（A）、范围（E）、上一个（P）、窗口（W）、实时。

2.2.2 视图的平移

平移命令是在不改变图形对象大小和显示比例的情况下，观察当前图形的不同部位，操作者可以把"拖放"到屏幕的不同位置，或将屏幕外的图形拖进窗口来（当然有一部分随之移出图形窗口）。

激活平移命令的方法有：

● 菜单栏：单击"视图"→"平移"→"实时"。

● 功能区：单击"视图"标签→"导航"面板命令按钮 平移。

● 命令行：PAN（P）。

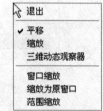

图 2-20 缩放与平移的右键菜单

激活命令后，光标变成小手图标 ，按住左键，就可以上、下、左、右拖动图形了。单击右键出现右键菜单（如图 2-20 所示，与缩放时的右键菜单相同），选择"退出"。

在常用操作中，鼠标中键可以实现以上缩放和平移命令的部分功能：双击滚轮实现"范围"缩放功能；上下滚动滚轮实现"实时缩放"功能；按住滚轮实现"实时平移"功能。当提示不能再缩放或平移的时候，输入 re 回车即可继续操作。

2.3 查询对象的几何特性

用 AutoCAD 绘制的图形是一个图形数据库，其中包括大量与图形有关的数据信息。查询命令可以从图形中查询或提取某些图形信息。在二维设计中，查询的基本功能有查询点坐标、查询两点间的距离、查询封闭图形的面积等。

"AutoCAD 经典"界面和默认 Ribbon 界面下查询工具，如图 2-21 所示。

1. 查询点坐标

查询点的坐标有如下方法：

● 菜单栏："工具"→"查询"→"点坐标"。

● 功能区："实用工具"面板"点坐标"按钮 。

● 命令行：ID。

例：如图 2-22 所示查询圆心坐标的例子。

2. 查询距离

查询距离的方法有：

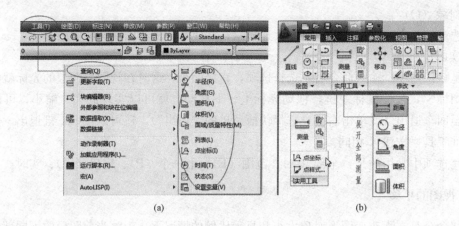

图 2-21　查询工具

(a) 经典界面；(b) Ribbon 界面

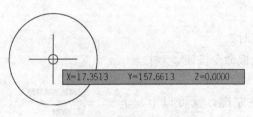

图 2-22　查询圆心点坐标

● 菜单栏：单击"工具"→"查询"→"距离"。

● 功能区：单击"实用工具"面板"距离"按钮 ▦ 。

● 命令行：DIST（DI）。

距离查询可以得到两点间的距离、X 增量、Y 增量和 Z 增量等。

例：如图 2-23 所示，查询直线两端点的距离。

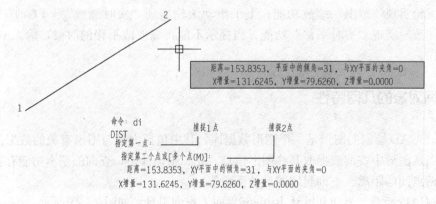

图 2-23　查询直线长度

3. 查询面积

调用面积查询命令的方法有：

● 菜单栏：单击"工具"→"查询"→"面积"。

● 功能区：单击"实用工具"面板"面积"按钮 ◨ 。

● 命令行：AREA（AA）。

查询面积可以得到点阵序列或闭合区域的面积和周长。根据实际情况，可以有三种计算面积的方法。

（1）按序列点计算面积。适用于边界由直线围成的区域，例如求图 2-24 所示房间的面积，启动命令后依次拾取房间 4 个角点即得。查询儿童房面积的操作过程如下：

```
命令：aa
AREA                                          ;输入命令
指定第一个角点或［对象(O)/加(A)/减(S)］：      ;点击儿童房间一个角点
指定下一个角点或按 ENTER 键全选：             ;点击另一个角点
指定下一个角点或按 ENTER 键全选：             ;点击第三个角点
指定下一个角点或按 ENTER 键全选：             ;点击第四个角点
指定下一个角点或按 ENTER 键全选：             ;回车
面积 = 8798400.0000,周长 = 11880.0000
```

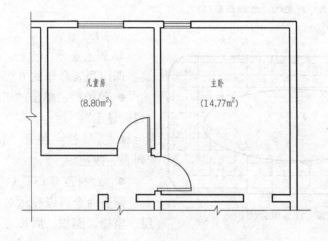

图 2-24　求房间的面积

（2）计算封闭对象的周长和面积。最为简单地，绘制一个圆，求该圆的面积和周长：

```
命令：area                                    ;输入命令
指定第一个角点或［对象(O)/加(A)/减(S)］：o     ;选择选项"对象(O)"
选择对象：                                     ;拾取圆周
面积 = 13814.4593,圆周长 = 416.6505           ;显示出面积和周长
```

计算一个复杂区域面积的时候，只要将该区域边界创建为多段线以后，利用这种方法可方便地求出其面积。

（3）利用加、减方式计算组合面积。如图 2-25 所示，计算填充区域的面积（矩形面积减去椭圆面积），填充特性也可以查看该面积。利用面积命令操作如下：

```
命令：aa                                                      ;输入命令
AREA
指定第一个角点或［对象(O)/增加面积(A)/减少面积(S)］＜对象(O)＞：a   ;选择"加"模式
指定第一个角点或［对象(O)/减少面积(S)］：o                      ;选择"对象"选项
（"加"模式）选择对象：                                          ;选择矩形
面积 = 43668.7728,周长 = 842.8421
总面积 = 43668.7728
```

（"加"模式）选择对象：

面积 ＝ 43668.7728，周长 ＝ 842.8421

总面积 ＝ 43668.7728

指定第一个角点或［对象(O)/减少面积(S)］：s　　　　　　　　　　;选择"减"模式

指定第一个角点或［对象(O)/增加面积(A)］：o　　　　　　　　　;选择"对象"选项

　　　　　　　　　　　　　　　　　　　　　　　　　　　　　　;选择"椭圆"

（"减"模式）选择对象：

面积 ＝ 12754.4646，周长 ＝ 476.7191

总面积 ＝ 30914.3081

（"减"模式）选择对象：

面积 ＝ 12754.4646，周长 ＝ 476.7191

总面积 ＝ 30914.3081

指定第一个角点或［对象(O)/增加面积(A)］：

总面积 ＝ 30914.3081

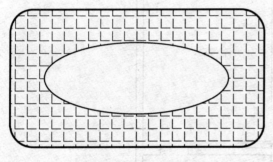

图 2-25　计算组合面积

4. 列表显示

调用列表命令的方法有：

● 菜单栏：单击"工具"→"查询"→"列表显示"。

● 工具栏：展开"特性"面板，点击"列表"按钮 。

● 命令行：LIST（LI）。

列表命令可以显示对象的类型、所在图层、坐标、面积、周长等。以下是直线、椭圆、文字对象的列表显示。

（1）直线的列表显示

命令：_list

选择对象：找到 1 个

选择对象：

　　　　　LINE　　　图层：0

　　　　　空间：模型空间

　　　　　句柄 ＝ 182

　　　　　自点，X ＝ -212.3860　Y ＝ 1437.3271　Z ＝　　0.0000

　　　　　到点，X ＝ 558.8341　Y ＝ 1658.0991　Z ＝　0.0000

　　　　　长度 ＝ 802.1975，在 XY 平面中的角度 ＝　　　16

　　　　　增量 X ＝ 771.2201，增量 Y ＝　220.7721，增量 Z ＝　0.0000

（2）椭圆的列表显示

命令：li

LIST

选择对象：找到 1 个

选择对象：

　　　　　ELLIPSE　图层：0

空间：模型空间

句柄 = 184

面积：615708.7277

圆周：3228.8943

中心点：X = 1709.4111，Y = 1689.3405，Z = 0.0000

长轴：X = －675.3387，Y = －193.6962，Z = 0.0000

短轴：X = 76.9079　，Y = －268.1461，Z = 0.0000

半径比例：0.3971

（3）文字的列表显示

命令：li

LIST

选择对象：找到 1 个

选择对象：

　　　TEXT　　　图层：0

　　　　　　　　空间：模型空间

句柄 = f2

样式 = "Standard"

字体文件 = gbeitc.shx gbcbig.shx

起点 点，X = 　48.6178　Y = 　96.2620　Z = 　0.0000

高度　15.0000

文字 AutoCAD 2006 中文版

旋转 角度　　　0

宽度 比例因子　　1.0000

倾斜 角度　　　0

生成 普通

2.4　使用帮助系统

AutoCAD 2010 中文版提供了详细的中文在线帮助，内含用户手册、命令参考等。在学习和使用过程中碰到各种问题时，调用系统帮助是解决问题的有效途径。

以下任何一种方法都可以激活在线帮助系统：

● 单击 AutoCAD 窗口右上角 "?" 按钮。

● 直接按 F1 功能键。

● 命令行输入 help 或问号 "?" 回车。

进入帮助系统，首先显示帮助主界面，如图 2-26 所示。在主界面的 "目录" 选项卡中有详细的用户手册、命令参考等，展开后可以查找到所需内容。

系统还提供了更为便捷地获得所需帮助的方法：先激活需要帮助的命令，再启动帮助系统，例如，执行直线命令，按下 F1，在线帮助系统被激活，并且刚好打开了解释直线命令的位置，如图 2-27 所示。

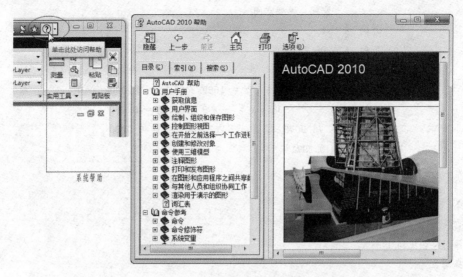

图 2-26 "帮助"主界面

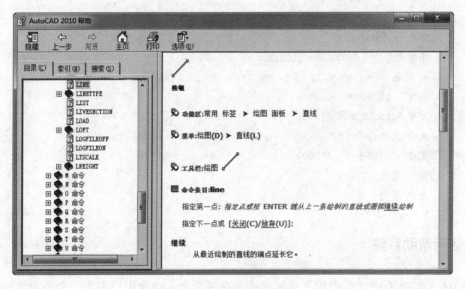

图 2-27 "直线"的帮助

本 章 小 结

本章主要介绍了精确绘图的辅助工具。正交与极轴是使光标沿指定方向（角度）移动的工具，正交使光标按水平或垂直方向移动，而极轴可以预先设定任何角度。正交和极轴不能同时使用，一般使用极轴。对象捕捉用来精确指定对象上的特征点。当系统提示输入点时，可以临时指定对象捕捉或自动执行对象捕捉。对象追踪是对象捕捉和极轴功能的综合应用，用来获取需要画辅助线才能确定的点，对象追踪取代了作图中的辅助线。动态输入提供了另一个命令输入界面，使得输入更方便、更直观。滚动鼠标中键缩放视图、按住中键平移视图是实现视图的缩放和平移的快捷操作。使用系统在线帮助是学习 AutoCAD 软件和解决使用中问题的另一个途径。

本 章 思 考 题

1. 绘制直线时，直接距离输入配合 AutoCAD 的什么功能使用更方便？
2. 极轴和正交可以同时开启吗？
3. 准确获取对象上的特征点需要 AutoCAD 的什么功能？
4. 用哪种方法能绘制过已知直线上一点并与该直线垂直的直线？
5. "对象追踪"必须配合哪个辅助工具才起作用？
6. 使用什么按键可以在动态输入的提示框之间切换？
7. 使用动态输入必须依靠命令行吗？
8. 如何查询距离？如何查询一幅地图的面积？

第3章 创建图形对象

本章知识要点

- 直线类对象的绘制，包括直线、矩形、正多边形、多段线、多线等。
- 曲线类对象的绘制，包括圆、圆弧、椭圆、椭圆弧、样条曲线等。
- 点样式的设置及等分操作。
- 图案填充的设置与操作。

3.1 直线类对象的绘制

创建直线类对象的命令有如下几种：LINE（直线）、RECTANG（矩形）、POLYGEN（正多边形）、MLINE（多线）、PLINE（多段线）等。

其中，多段线（PLINE）还可以绘制由直线段和圆弧段组成的图形。

3.1.1 直线

调用直线命令的方法如下：

- 功能区："常用"选项卡→"绘图"面板"直线"按钮 ✎（使用 Ribbon 界面）。
- 工具栏："绘图"工具栏"直线"按钮 ✎（使用 AutoCAD 经典界面）。
- 命令行：LINE（L）。

执行直线命令，命令行提示为：

命令：line	;输入命令
指定第一点：	;指定直线起点,直接回车从上一直线的端点开始
指定下一点或 [放弃(U)]：	;指定直线另一端点
指定下一点或 [放弃(U)]：	;指定点,连续绘制下一直线段
指定下一点或 [闭合(C)/放弃(U)]：	;如此反复提示,回车结束命令

直线命令默认操作是依次指定一系列点，绘制连续的直线段，要结束时按回车键或空格键。这一系列直线段中，每一段直线为一个对象，例如，用直线命令绘制的矩形包含 4 个对象。

直线命令有两个选项，它们的含义如下。

"闭合（C）"表示从最后指定的一点与第一点相连，并退出命令。

"放弃（U）"表示删除最近指定的点，即删除最后绘制的线段，多次输入"U"，可逐个删除线段。注意"放弃（U）"选项与标准工具栏上"放弃"按钮 ✎的区别：后者将取消本次直线命令的执行，即删除所有而不只是一段。

直线命令绘制有限长度的线段，构造线（XLINE）✎和射线（RAY）✎绘制无限长的直线，在绘图中常常作为辅助线被使用，选择"绘图"→"构造线"命令或者"绘图"→"射线"命令，即可绘制构造线或射线。其中，构造线还可用来绘制角平分线。

【例3-1】 绘制图3-1所示小屋的轮廓图形。

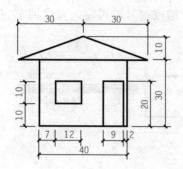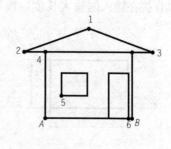

图 3-1 使用"直线"命令绘制小屋轮廓

绘制过程要点说明：

（1）默认样板 acadiso.dwt 新建图形；创建图层"轮廓线"，设线宽 0.35mm。

（2）以"轮廓线"为当前层，颜色、线型、线宽特性"ByLayer"。

（3）作图次序：先屋顶三角形，再屋外框，后门窗线。

命令：_line 指定第一点：　　　　　　　　　;拾取点 1
指定下一点或 [放弃(U)]：@-30,-10　　　　;输入点 2 的相对坐标
指定下一点或 [放弃(U)]：60　　　　　　　;直接距离输入至点 3
指定下一点或 [闭合(C)/放弃(U)]：c　　　　;闭合三角形
命令： line 指定第一点：10　　　　　　　;从点 2 追踪至起点 4
……　　　　　　　　　　　　　　　　　　;直接距离输入完成屋外框线
命令： line 指定第一点：fro　　　　　　　;输入捕捉自名
基点：　　　　　　　　　　　　　　　　　;以 A 点为基点
<偏移>：@7,10　　　　　　　　　　　　　;捕捉点 5
……　　　　　　　　　　　　　　　　　　;直接距离输入完成窗框线
命令： line 指定第一点：2　　　　　　　;以 B 为基点追踪至点 6
……　　　　　　　　　　　　　　　　　　;直接距离输入完成门框线

3.1.2　矩形

调用矩形命令的方法如下。

● 功能区："常用"选项卡→"绘图"面板"矩形"按钮□。
● 工具栏："绘图"工具栏"矩形"按钮□。
● 命令行：RECTANG（REC）。

执行矩形命令，命令行提示为：

命令：_rectang
指定第一个角点或 [倒角(C)/标高(E)/圆角(F)/厚度(T)/宽度(W)]：　;指定一个角点
指定另一个角点或 [面积(A)/尺寸(D)/旋转(R)]：　　　　　　　;指定另一个角点

矩形是最常用的几何图形，默认情况下，指定两个角点即完成矩形绘制，且矩形的边与当前 X、Y 轴平行。RECTANG 绘制的矩形的四条边是一个整体，矩形为 1 个对象。

如果已知矩形的长度和宽度，操作时鼠标指定第一角点，另一角点输入相对坐标"@长度,宽度"，如图 3-2（a）所示；当开启"动态输入"时，第一角点为绝对坐标；另一角点为

相对坐标。可以直接在输入框输入长度，按 Tab 键或逗号键再输入宽度回车完成，如图 3-2（b）所示。

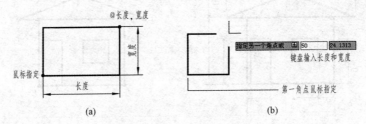

图 3-2　指定矩形角点的方法
(a) 常规输入；(b) 动态输入

利用矩形命令的选项，还有多种绘制矩形的方式，下面介绍几种常用的方法。

1. 绘制倒角矩形

"倒角（C）"选项用于绘制一个倒斜角的矩形，如图 3-3 所示。

命令行序列如下：

```
命令：rec RECTANG
指定第一个角点或 [倒角(C)/标高(E)/圆角(F)/厚度(T)/宽度(W)]：c        ;选择倒角选项
指定矩形的第一个倒角距离 <0.0000>：5                              ;指定第一个倒角距离为 5
指定矩形的第二个倒角距离 <5.0000>：10                             ;指定第二个倒角距离为 10
指定第一个角点或 [倒角(C)/标高(E)/圆角(F)/厚度(T)/宽度(W)]：       ;指定第一点
指定另一个角点或 [面积(A)/尺寸(D)/旋转(R)]：                      ;指定第二点
```

按逆时针方向确定倒角 1 与倒角 2，如图 3-3（a）所示倒角 1 = 5，倒角 2 = 10。图 3-3（b）图的两个倒角相等。

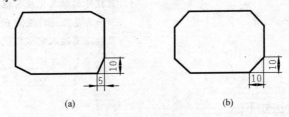

图 3-3　倒角矩形

2. 绘制圆角矩形

"圆角（F）"选项用于绘制一个倒圆角的矩形，如图 3-4 所示。

图 3-4　圆角矩形

命令行序列如下：

命令：rec RECTANG

指定第一个角点或 [倒角(C)/标高(E)/圆角(F)/厚度(T)/宽度(W)]：f   ;选择圆角选项

指定矩形的圆角半径 <0.0000>：10   ;指定圆角半径

指定第一个角点或 [倒角(C)/标高(E)/圆角(F)/厚度(T)/宽度(W)]：   ;指定第一角点

指定另一个角点或 [面积(A)/尺寸(D)/旋转(R)]：   ;指定第二角点

注意：矩形的短边长度小于 2 倍半径大小时，矩形不绘制圆角。

3. 根据尺寸绘制矩形

选项"尺寸（D）"可以用已知的长度和宽度绘制矩形，命令行序列如下：

命令：rec RECTANG

指定第一个角点或 [倒角(C)/标高(E)/圆角(F)/厚度(T)/宽度(W)]：   ;指定第一角点

指定另一个角点或 [面积(A)/尺寸(D)/旋转(R)]：d   ;选择尺寸选项

指定矩形的长度 <10.0000>：50   ;输入长度

指定矩形的宽度 <10.0000>：30   ;输入宽度

指定另一个角点或 [面积(A)/尺寸(D)/旋转(R)]：   ;鼠标点击一点以确定

      ;矩形相对第一点的方位

4. 绘制宽边矩形

"宽度（W）"选项可以绘制一个如图 3-5（a）所示线宽为 5 的矩形，命令行提示如下：

命令：_rectang

指定第一个角点或 [倒角(C)/标高(E)/圆角(F)/厚度(T)/宽度(W)]：w   ;选择宽度选项

指定矩形的线宽 <0.0000>：5   ;指定矩形线宽

指定第一个角点或 [倒角(C)/标高(E)/圆角(F)/厚度(T)/宽度(W)]：   ;指定第一角点

指定另一个角点或 [面积(A)/尺寸(D)/旋转(R)]：   ;指定第二角点

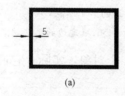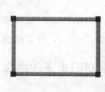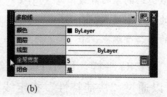

(a)   (b)

图 3-5 宽边矩形

如图 3-5（b）所示，也可以利用"快捷特性"指定多段线的宽度，而不必使用"宽度"选项。

"标高（E）"选项用于设置所绘矩形到 XY 平面的垂直距离，"厚度（T）"选项用于设置矩形的厚度，此两项一般用于三维绘图中，在此不作讨论。

3.1.3 正多边形

调用正多边形命令的方法如下。

● 功能区："常用"选项卡→"绘图"面板"正多边形"按钮。

● 工具栏："绘图"工具栏"正多边形"按钮。

● 命令行：POLYGON (POL)。

执行正多边形命令时，要求先输入多边形的边数（3～1024 整数有效），确定边数后，有两种绘制正多边形的方法。

1. 指定中心点绘制正多边形

这是默认的执行方式，例如，以下命令行序列绘制一个正六边形（图 3-6）。

命令：_polygon	;输入命令
输入边的数目 <4>:6	;键盘输入多边形边数,默认绘制四边形
指定正多边形的中心点或 [边(E)]:	;鼠标指定多边形的中心点
输入选项 [内接于圆(I)/外切于圆(C)] <I>:	;选择正多边形的定义方式(参考图 3-6)
指定圆的半径:35	;指定外接圆或内切圆的半径

2. 指定边长绘制正多边形

当已知多边形的边长，执行命令输入边数后，先不要指定中心，选择"边（E）"选项来指定多边形的边长。例如，以下命令行序列绘制图 3-7 所示的正五边形。

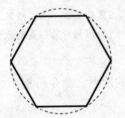 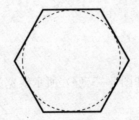 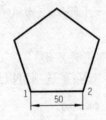

图 3-6　内接于圆（I）/ 外切于圆（C）的正六边形　　　图 3-7　根据边长绘制正五边形

命令：pol	
POLYGON 输入边的数目 <6>: 5	
指定正多边形的中心点或 [边(E)]: e	;选择"边(E)"选项
指定边的第一个端点：	;鼠标点击点边的第 1 端点
指定边的第二个端点:50	;直接输入距离 50,确定边的第 2 端点

与 RECTANG 一样，POLYGON 绘制的正多边形也是 1 个对象，实际上它们都是多段线，同样可以通过"快捷特性"指定线宽。

3.1.4　多段线

调用多段线命令的方法如下。

● 功能区："常用"选项卡→"绘图"面板"多段线"按钮 。
● 工具栏："绘图"工具栏"多段线"按钮 。
● 命令行：PLINE（PL）。

执行多段线命令，命令行提示为：

命令：_pline	;输入命令
指定起点：	;指定画线的起始点
当前线宽为 0.0000	
指定下一个点或 [圆弧(A)/半宽(H)/长度(L)/放弃(U)/宽度(W)]:	;指定下一点
指定下一点或 [圆弧(A)/闭合(C)/半宽(H)/长度(L)/放弃(U)/宽度(W)]:	;指定下一点

......   ;回车结束命令

多段线也像直线命令一样，根据指定的一系列点绘制连续线段。不同的是，多段线还可以绘制包含圆弧的连续线段。本质上更为不同的是，无论一条多段线有多少段，都是一个独立的对象。

多段线命令的选项比较多，以下是 PLINE 初始提示各选项的含义。

"圆弧（A）"表示将 PLINE 画直线方式转换为画圆弧方式。

"闭合（C）"表示以直线段闭合多段线，并结束命令。

"半宽（H）"设置多段线的半宽度，只需输入宽度的一半。

"长度（L）"绘制指定长度的直线段。

"放弃（U）"将刚才绘制的一段取消，可以重复操作，依次取消，直至全部删除。

"宽度（W）"设置多段线的宽度，注意要根据提示指定起点宽度和端点宽度，即线段两端点的宽度。两端宽度可以相同（绘制等宽线段），也可以不同（如箭头）。

1. 默认情况下绘制的多段线

多段线命令在默认情况下，依据指定的一系列点（如同 LINE 命令指定点一样），画出一系列首尾相接的直线段，回车或空格结束，也可以输入 c 闭合图形后结束命令。图 3-8 是多段线命令绘制的图形。

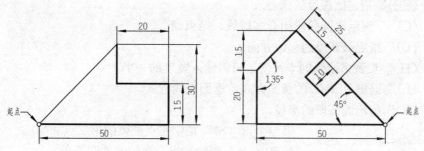

图 3-8　多段线绘制的图形

2. 创建具有宽度的多段线

确定起点后选择"宽度（W）"选项，AutoCAD 提示：

指定起点宽度 <0.0000>：　　　　　　　　　　;指定线段一端的线宽
指定端点宽度 <0.0000>：　　　　　　　　　　;指定线段另一端的线宽

图 3-9 所示图形是具有宽度的多段线，以下命令行序列绘制一个大箭头。

图 3-9　具有宽度的多段线

命令：_pline
指定起点：
当前线宽为 0.0000
指定下一个点或 [圆弧(A)/半宽(H)/长度(L)/放弃(U)/宽度(W)]：w

指定起点宽度 <0.0000>：10   ;起点宽度 10

指定端点宽度 <10.0000>：   ;回车，端点宽度也是 10

指定下一个点或［圆弧(A)/半宽(H)/长度(L)/放弃(U)/宽度(W)］：20 ;绘制长度为 20 的等宽线段

指定下一点或［圆弧(A)/闭合(C)/半宽(H)/长度(L)/放弃(U)/宽度(W)］：w

指定起点宽度 <10.0000>：30   ;重新设置端点，宽度为 30

指定端点宽度 <30.0000>：0   ;端点宽度 0，从 30 变化为 0

指定下一点或［圆弧(A)/闭合(C)/半宽(H)/长度(L)/放弃(U)/宽度(W)］：20 ;绘制长度为 10 的箭头

指定下一点或［圆弧(A)/闭合(C)/半宽(H)/长度(L)/放弃(U)/宽度(W)］：   ;回车结束命令

3. 创建直线和圆弧组成的多段线

指定起点后，选择"圆弧（A）"选项，AutoCAD 提示行如下：

指定下一点或［圆弧(A)/闭合(C)/半宽(H)/长度(L)/放弃(U)/宽度(W)］：a

指定圆弧的端点或

［角度(A)/圆心(CE)/闭合(CL)/方向(D)/半宽(H)/直线(L)/半径(R)/第二个点(S)/放弃(U)/宽度(W)］：

圆弧方式下的提示选项比直线方式的（初始选项）更多，以下是这些选项的含义。

"角度（A）"指定弧线段从起点开始的包含角。

"圆心（CE）"指定圆弧段的圆心。

"闭合（CL）"表示以圆弧段闭合多段线，结束命令。

"方向（D）"指定弧线段的起始方向。

"半宽（H）"设置多段线的半宽度，只需输入宽度的一半。

"直线（L）"退出 PLINE 的圆弧方式，返回直线方式。

"半径（R）"指定圆弧段的半径。

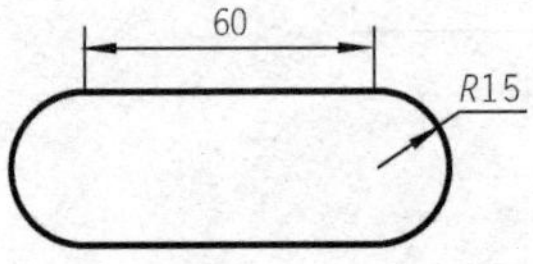

"第二个点（S）"指定三点圆弧的第二点和端点。

"放弃（U）"删除最近一次绘制的圆弧段。

"宽度（W）"指定下一弧线段的宽度。

（1）绘制相切圆弧。默认情况下，当前圆弧段与上一线段（直线段或圆弧段）是相切的。如图 3-10 所示的轮廓图形，命令行操作序列如下：

图 3-10 直线段与圆弧段组成的多段线

命令：_pline

指定起点：

指定下一个点或［圆弧(A)/半宽(H)/长度(L)/放弃(U)/宽度(W)］：60   ;先画直线段

指定下一点或［圆弧(A)/闭合(C)/半宽(H)/长度(L)/放弃(U)/宽度(W)］：a   ;转入圆弧方式

指定圆弧的端点或

［角度(A)/圆心(CE)/闭合(CL)/方向(D)/半宽(H)/直线(L)/半径(R)/第二个点(S)/放弃(U)/

宽度(W)］：30   ;直接距离输入指定圆弧的端点

指定圆弧的端点或

［角度(A)/圆心(CE)/闭合(CL)/方向(D)/半宽(H)/直线(L)/半径(R)/第二个点(S)/放弃(U)/

宽度(W)］：l   ;返回直线方式

指定下一点或［圆弧(A)/闭合(C)/半宽(H)/长度(L)/放弃(U)/宽度(W)］：60 ;绘制直线

指定下一点或 [圆弧(A)/闭合(C)/半宽(H)/长度(L)/放弃(U)/宽度(W)]：a   ;再转入圆弧方式

指定圆弧的端点或

[角度(A)/圆心(CE)/闭合(CL)/方向(D)/半宽(H)/直线(L)/半径(R)/第二个点(S)/放弃(U)/

宽度(W)]：cl   ;直接以圆弧闭合

（2）绘制指定方向的圆弧。利用选项"方向（D）"可以绘制与上一线段不相切的圆弧，如图 3-11 所示的轮廓图形，操作序列如下：

命令：_pline

指定起点：   ;指定点 1，先绘制直线段 A

当前线宽为 0.0000

指定下一个点或 [圆弧(A)/半宽(H)/长度(L)/放弃(U)/宽度(W)]：   ;指定点 2

指定下一点或 [圆弧(A)/闭合(C)/半宽(H)/长度(L)/放弃(U)/宽度(W)]：a ;转入圆弧方式

指定圆弧的端点或

[角度(A)/圆心(CE)/闭合(CL)/方向(D)/半宽(H)/直线(L)/半径(R)/第二个点(S)/放弃(U)/

宽度(W)]：d   ;选择方向选项

指定圆弧的起点切向：   ;光标上移在 90°极轴时点击

指定圆弧的端点：   ;捕捉直线 A 中点，绘制出圆弧 B

指定圆弧的端点或

[角度(A)/圆心(CE)/闭合(CL)/方向(D)/半宽(H)/直线(L)/半径(R)/第二个点(S)/放弃(U)/

宽度(W)]：cl   ;以圆弧 C 闭合，结束命令

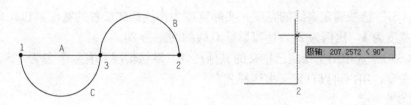

图 3-11 使用"方向（D）"选项

3.1.5 多线

多线是 AutoCAD 提供的一种特殊的图形对象，一条多线可以由 1～16 条平行线段组成，多线在建筑工程图中有广泛的应用，主要用于绘制墙线、窗平面图、条形基础平面图。

1. 绘制多线

调用多线命令的方法如下。

● 菜单栏："绘图"菜单→"多线"。

● 命令行：MLINE（ML）。

执行多线命令，命令行提示为：

命令：ml MLINE

当前设置：对正 = 上，比例 = 20.00，样式 = STANDARD

指定起点或 [对正(J)/比例(S)/样式(ST)]：

指定下一点：

指定下一点或 [放弃(U)]：

指定下一点或 [闭合(C)/放弃(U)]：   ;如此反复,回车结束或闭合并结束

默认情况下，多线的操作与直线类似，依次指定一系列点，例如，图 3 - 12 所示的 1～4 点，MLINE 绘制连续的双线。MLINE 一次绘制的多线是 1 个对象。

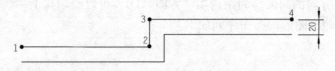

图 3 - 12　默认方式绘制的多线

多线选项的含义如下：

"对正（J）"确定双线与指定点之间的位置关系。选择该选项，AutoCAD 又提示：

输入对正类型 [上(T)/无(Z)/下(B)]＜上＞：

有三种对正方式，默认是上对正。各对正方式的含义如图 3 - 13 所示。

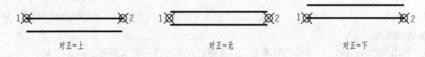

图 3 - 13　多线的三种"对正"方式

"比例（S）"选项确定多线的宽度。实际宽度为多线样式设置的宽度乘以比例，默认情况下样式的宽度为 1，比例为 20，所以默认双线的间距为 20。

"样式（ST）"选项用于指定已定义的其他样式，默认情况只有一个名为"Standard"的样式。根据需要，用户可以自定义多线样式。

2. 创建多线样式

一条多线最多可以包含 16 条平行线，这些平行线称为元素。设置多线样式，就是在样式中设置元素的数量和每个元素特性。

调用多线样式命令的方法如下：

● 菜单栏："格式"→"多线样式"。

● 命令行：MLSTYLE。

执行多线样式命令，弹出"多线样式"对话框，在这里可以设置自己需要的多线样式。

下面创建两个多线样式：wall24 与 wall37，分别用于绘制 24 墙与 37 墙，元素设置要求如图 3 - 14 所示。

（1）命名新的多线样式。在"多线样式"对话框点击"新建"按钮，弹出"创建新的多线样式"对话框，如图 3 - 15 所示。在"新样式名"输入框中输入 wall24，新样式基于系统默认样式"STANDARD"。如果已有其他样式，也可以选择为基础样式。

点击"继续"，弹出"新建多线样式：wall24"对话框。如图 3 - 16 所示，可以填写说明，注明该样式的用途。

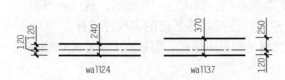

图 3-14　创建多线样式

图 3-15　命名新的多线样式

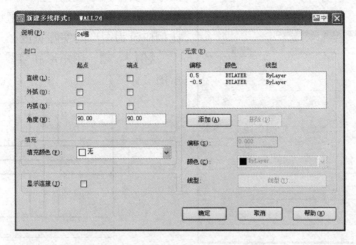

图 3-16　"新建多线样式"对话框

（2）设置元素特性。在"元素"区域列出"基础样式"的元素。分别点击"偏移"为 0.5 和－0.5 的元素，在"偏移"值输入框修改为 120 和－120，颜色与线型选择"ByLayer"，如图 3-17 所示。

图 3-17　设置元素特性

点击"添加"按钮，元素区即增加一个元素，设置其偏移为 0、颜色为红色、线型为点画线"CENTER2"（点击"线型"按钮后选择或添加线型后再选择）。

在"封口"区域还可以设置多线端部以直线方式或圆弧方式封口等，这里选择不封口；在"填充"区域可以选择多线的背景填充颜色，这里不选择背景颜色；"显示连接"表示在多线转折处显示端部的封口图线，这里不选择。点击"确定"返回。

继续新建，按上述方法设置 wall37 多线样式，如果以 wall24 为基础样式，那么只要修改偏移 120 为 250 即可。

设置完毕，点击"确定"，返回"多线样式"对话框，如图 3-18 所示。这时，可以预览新建的多线样式、查看说明和设置当前多线样式。还可以将新建的多线样式保存为 .mln 文件，以便在其他图形文件中通过"加载"来调用。如果不保存，则新建多线样式仅随当前图形保存而保存，只能在当前图形中使用。

提示：多线元素的偏移量大小可以按所绘图形的实际大小设置，然后在绘图时将比例设为 1，也可以按总宽度为 1 来设置，但绘图时比例应设为图形的实际宽度。

【例 3-2】 用矩形和多线绘制图 3-19 所示图形。

图 3-18 "多线样式"对话框

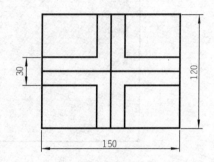

图 3-19 ［例 3-2］图

（1）输入 mlstyle 命令设置多线样式，按如图 3-20 所示设置为三线。

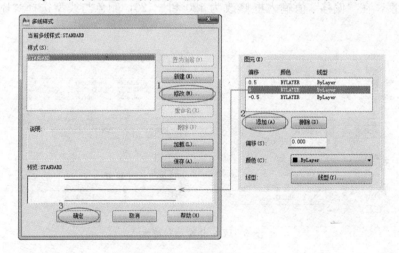

图 3-20 设置多线为三线

（2）绘制 150mm×120mm 矩形，如图 3-21（a）所示。

（3）输入 mline 命令，捕捉"中点"绘制多线，如图 3-21（b）所示。

命令：MLINE

当前设置：对正 = 上,比例 = 20.00,样式 = STANDARD

指定起点或［对正(J)/比例(S)/样式(ST)］： j	;设置对正类型为"无"
输入对正类型［上(T)/无(Z)/下(B)］＜上＞： Z	
当前设置：对正 = 无,比例 = 20.00,样式 = STANDARD	
指定起点或［对正(J)/比例(S)/样式(ST)］： s	;设置多线比例为 30
输入多线比例 ＜20.00＞： 30	
当前设置：对正 = 无,比例 = 30.00,样式 = STANDARD	
指定起点或［对正(J)/比例(S)/样式(ST)］：	;捕捉中点绘制水平多线
指定下一点：	
指定下一点或［放弃(U)］：	
命令： MLINE	;重复命令
当前设置：对正 = 无,比例 = 30.00,样式 = STANDARD	
指定起点或［对正(J)/比例(S)/样式(ST)］：	;绘制垂直多线
指定下一点：	
指定下一点或［放弃(U)］：	

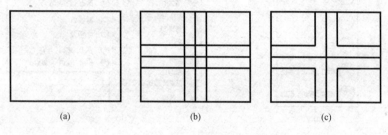

图 3-21　作图步骤

（4）编辑多线。双击多线，弹出图 3-22 所示对话框，选择"十字合并"，再依次选择水平多线和垂直多线，编辑完成后，图形如图 3-21（c）所示。

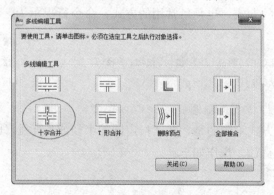

图 3-22　编辑多线

3.2　曲线类对象的绘制

创建曲线类对象的命令有如下几种：CIRCLE（圆）、ARC（圆弧）、DOUNT（圆环）、ELLIPSE（椭圆）、SPLINE（样条曲线）等。

3.2.1 圆

调用圆命令的方法如下。

- 功能区："常用"选项卡→"绘图"面板，选择一种画圆方式。
- 工具栏："绘图"工具栏"圆"按钮 ⊘。
- 命令行：CIRCLE（C）。

有 6 种绘制圆的方式，Ribbon 界面与 AutoCAD 经典界面的命令操作如图 3 - 23 所示。根据具体条件选择绘制圆的方式，介绍如下。

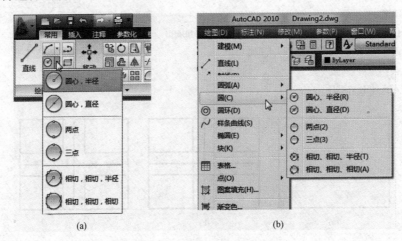

(a)　　　　　　　(b)

图 3 - 23　各种画圆的方法

(a) 功能区；(b) 菜单栏

1. 以"圆心、半径"方式绘制圆

这是默认的绘制圆的方式，也是最常用的方式，命令行提示为：

命令：_circle	;输入命令
指定圆的圆心或 [三点(3P)/两点(2P)/相切、相切、半径(T)]:	;指定圆的圆心
指定圆的半径或 [直径(D)]:	;指定圆的半径,命令结束

2. 以"圆心、直径"方式绘制圆

与"圆心、半径"方式不同的是，在"指定圆的半径或 [直径（D）]："提示下输入先输入字母 d 回车，再指定直径。操作如下：

命令：circle	
指定圆的圆心或 [三点(3P)/两点(2P)/相切、相切、半径(T)]:	;指定圆心
指定圆的半径或 [直径(D)] <124.9118>: d	;选择直径选项
指定圆的直径 <249.8235>:	;输入直径值

3. 以"三点"方式绘制圆

依次指定圆周上的三点，命令行提示为：

命令：_circle	
指定圆的圆心或 [三点(3P)/两点(2P)/相切、相切、半径(T)]: 3p	;输入 3p 选择三点(3P)选项

指定圆上的第一个点： ;指定第一点
指定圆上的第二个点： ;指定第二点
指定圆上的第三个点： ;指定第三点,命令结束

4. 以"两点"方式绘制圆

输入 2p 选项,再指定圆直径的两个端点,命令行提示为：

命令：circle
指定圆的圆心或 [三点(3P)/两点(2P)/相切、相切、半径(T)]：2p
指定圆直径的第一个端点：
指定圆直径的第二个端点：

5. 以"相切、相切、半径"方式绘制圆

这种方式用于绘制两个对象的公切圆。

如图 3-24 (a) 所示,绘制两个已知圆的公切圆,命令行提示序列为：

命令：c CIRCLE
指定圆的圆心或 [三点(3P)/两点(2P)/相切、相切、半径(T)]：t
;输入 t 选择"相切、相切、半径(T)"选项
指定对象与圆的第一个切点： ;指定第一个切点,如在点1附近点击圆周
指定对象与圆的第二个切点： ;指定第二个切点,如在点2附近点击圆周
指定圆的半径 <90.0000>： ;输入欲画圆的半径

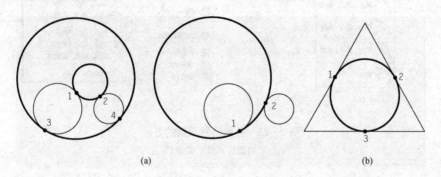

(a)   (b)

图 3-24 绘制公切圆

6. 以"相切、相切、相切"方式绘制圆

这也是一种公切圆,与3个对象相切,半径由作图确定。例如绘制如图 3-24 (b) 所示正三边形的内切圆,命令行序列如下。

命令：_circle
指定圆的圆心或 [三点(3P)/两点(2P)/相切、相切、半径(T)]：_3p
;选择菜单"绘图"→"圆"→"相切、相切、相切"
指定圆上的第一个点：_tan 到 ;在点1附近点击
指定圆上的第二个点：_tan 到 ;在点2附近点击
指定圆上的第三个点：_tan 到 ;在点3附近点击

3.2.2 圆弧

调用圆命令的方法如下。

● 功能区："常用"选项卡→"绘图"面板，选择一种绘制圆弧方式。

● 工具栏："绘图"工具栏"圆弧"按钮 。

● 命令行：ARC（A）

各种绘制圆弧的方法如图 3-25 所示。

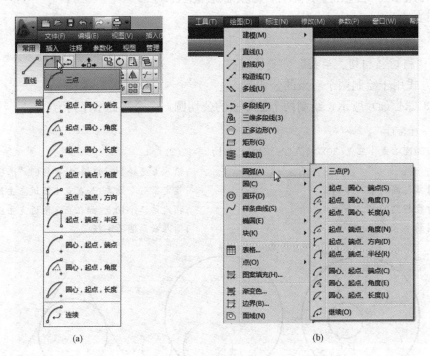

图 3-25　各种绘制圆弧的方法

（a）功能区；（b）菜单栏

从菜单看到，绘制圆弧有 11 种方式，下面介绍主要的几种（图 3-26）。

1. 以"三点"方式绘制圆弧

如图 3-26（a）所示，这是默认的绘制圆弧方式，AutoCAD 依据指定的 3 个点画出圆弧，提示序列如下：

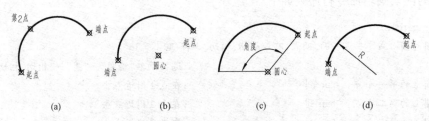

图 3-26　几种绘制圆弧的方式

（a）三点（默认）；（b）圆心、起点、端点；（c）圆心、起点、角度；（d）起点、端点、半径

命令：a

ARC 指定圆弧的起点或［圆心(C)］：	;指定起点
指定圆弧的第二个点或［圆心(C)/端点(E)］：	;指定第 2 点
指定圆弧的端点：	;指定端点(第 3 点)

2. 以"圆心、起点、端点"方式绘制圆弧

如图 3 - 26（b）所示，这种方式类似手工用圆规作图，先确定圆心，之后从起点开始画圆弧至端点。与手工不同的是，AutoCAD 从起点逆时针绘制圆弧至端点。如果已知圆心、起点和端点就可以用这种方式作图，如图 3 - 27 所示的门符号中的圆弧，提示序列如下：

命令：_arc

指定圆弧的起点或［圆心(C)］：c	;选择圆心选项
指定圆弧的圆心：	;指定圆心
指定圆弧的起点：	;指定起点
指定圆弧的端点或［角度(A)/弦长(L)］：	;指定端点

3. 以"圆心、起点、角度"方式绘制圆弧

如图 3 - 26（c）所示，如果已知圆心、起点和圆弧的包含角，可以用这种方式画圆弧，如图 3 - 28 所示的门符号中的圆弧，提示序列如下：

命令：a

ARC 指定圆弧的起点或［圆心(C)］：c	;选择圆心选项
指定圆弧的圆心：	;指定圆心
指定圆弧的起点：	;指定起点
指定圆弧的端点或［角度(A)/弦长(L)］：a	;选择角度选项
指定包含角：45	;指定角度

4. 以"起点、端点、半径"方式绘制圆弧

如图 3 - 26（d）所示，如果已知圆弧是两个端点和半径，可以用这种方式画圆弧，提示序列如下：

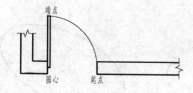

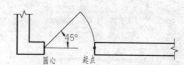

图 3 - 27　"圆心、起点、端点"方式绘制圆弧　　　图 3 - 28　"圆心、起点、角度"方式绘制圆弧

命令：a

ARC 指定圆弧的起点或［圆心(C)］：	;指定起点
指定圆弧的第二个点或［圆心(C)/端点(E)］：e	;选择端点选项
指定圆弧的端点：	;指定端点
指定圆弧的圆心或［角度(A)/方向(D)/半径(R)］：80	;指定半径

3.2.3　圆环

调用圆环命令的方法如下。

- 功能区："常用"选项卡→"绘图"面板"圆环"按钮◎。
- 命令行：DONUT（DO）。

命令：_donut
指定圆环的内径＜0.5000＞：   ；指定圆环的内径
指定圆环的外径＜1.0000＞：   ；指定圆环的外径，内外直径定义见图3-29(a)
指定圆环的中心点或＜退出＞：   ；指定圆环的中心位置，可以连续绘制圆环，回车结束

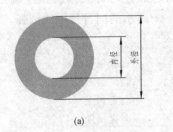
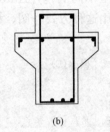

图3-29　圆环
(a) 圆环定义；(b) 圆环应用

特殊地，当内径为0时，可以绘制实心圆，用来表示钢筋断面图的小圆点，如图3-29（b）所示。

3.2.4　椭圆与椭圆弧

调用椭圆命令的方法如下。
- 功能区："常用"选项卡→"绘图"面板，选择一种绘制椭圆方式［图3-30（a）］。
- 工具栏："绘图"工具栏"椭圆"按钮○。
- 命令行：ELLIPSE（EL）。
有两种绘制椭圆的方法，介绍如下。

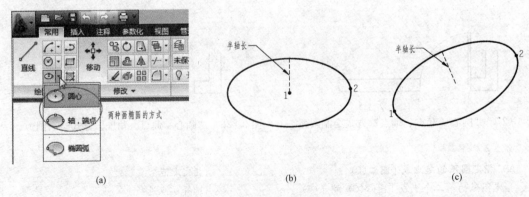

图3-30　两种画椭圆的方法

1. 指定"中心、端点、半轴长"画椭圆
如图3-30（b）所示，先确定椭圆的中心，再指定椭圆轴的一个端点，最后指定另一半轴长，提示序列如下：

```
命令：_ellipse
指定椭圆的轴端点或［圆弧(A)/中心点(C)］：_c
指定椭圆的中心点：                              ;指定中心点1
指定轴的端点：                                  ;指定轴端点2
指定另一条半轴长度或［旋转(R)］：               ;指定另一条半轴长
```

2. 指定"端点、半轴长"画椭圆

如图3-30（c）所示，先指定椭圆一条轴的两个端点，再指定另一轴的半轴长，命令行序列如下：

```
命令：_ellipse
指定椭圆的轴端点或［圆弧(A)/中心点(C)］：        ;指定端点1
指定轴的另一个端点：                            ;指定端点2
指定另一条半轴长度或［旋转(R)］：               ;指定另一轴长度的一半
```

3. 椭圆弧

椭圆弧是椭圆的一部分，利用选项"圆弧（A）"即可绘制椭圆弧，点击按钮⌒指定执行"圆弧（A）"选项。绘制椭圆弧与绘制完整椭圆的操作一样，只是最后要确定起始角度和终止角度，其提示为：

```
指定起始角度或［参数(P)］：
指定终止角度或［参数(P)/包含角度(I)］："圆弧(A)"
```

椭圆弧按逆时针方向绘制，由此确定起始角度和终止角度。

3.2.5 样条曲线

调用样条曲线命令的方法如下。
- 功能区："常用"选项卡→"绘图"面板"样条曲线"按钮～。
- 工具栏："绘图"工具栏"样条曲线"按钮～。
- 命令行：SPLINE（SPL）。

指定一系列点，AutoCAD沿这些点生成光滑曲线。这是一种称为非均匀关系基本样条（Non-Uniform Rational Basis Splines，简称NURBS）曲线，这种曲线会在控制点之间产生一条光滑的曲线，并保证其偏差很小，如图3-31所示。

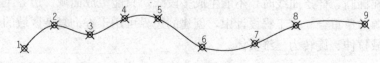

图3-31 样条曲线

执行命令，命令行提示为：

```
命令：_spline
指定第一个点或［对象(O)］：                      ;指定第1点
指定下一点：                                    ;指定第2点
指定下一点或［闭合(C)/拟合公差(F)］＜起点切向＞：  ;指定第3点
```

```
......                                          ;如此反复
指定下一点或［闭合(C)/拟合公差(F)］＜起点切向＞：      ;回车结束点的输入
指定起点切向：                                  ;指定起点切线方向，回车取默认方向
指定端点切向：                                  ;指定端点切线方向，回车取默认方向
```

"闭合（C）"选项使最后一点与起点重合，构成闭合的样条曲线。

"拟合公差（F）"选项可以修改当前样条曲线的拟合公差，默认的拟合公差为0。拟合公差表示样条曲线与控制点的拟合精度，公差为0时样条曲线通过拟合点。

起点、端点的切向控制样条曲线起点、端点的走向。

多段线可以拟合成样条曲线，而 SPLINE 的"对象（O）"选项可以将这种拟合的多段线转换为样条曲线。

3.2.6 创建边界

调用边界命令的方法如下。

● 菜单栏："绘图"→"边界…"。

● 命令行：BOUNDARY（BO）。

启动命令弹出"创建边界"对话框，如图3-32（a）所示。

BOUNDARY 命令沿多个 LINE、PLINE、CIRCLE 或 ARC 对象围成的闭合区域的边界生成一条闭合的多段线。操作方法是，点击"拾取点"按钮，光标在图3-32（b）闭合区域内拾取一点，单击"确定"完成，结果如图3-32（c）所示。

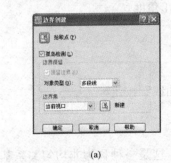

| (a) | (b) | (c) |

图3-32　创建边界

源对象存在椭圆、样条曲线时，不能生成多段线，只能生成面域。边界生成后，源对象保留，边界与源对象重合。在工程设计中，创建的边界可用于查询复杂区域的面积，还可以将多段线或面域拉伸、旋转为三维实体。

3.3 点与等分

3.3.1 点与点样式

1. 绘制点

调用点命令的方法如下。

- 功能区："常用"选项卡→"绘图"面板"多点"按钮 。
- 工具栏："绘图"工具栏"点"按钮 。
- 命令行：POINT（PO）。

执行点命令，提示行显示如下。

```
命令：_point
当前点模式： PDMODE = 0  PDSIZE = 0.0000
指定点：                      ;鼠标在绘图区域点击,可连续点击,按ESC退出
```

2. 点样式

默认方式下绘制的点只是一个"小点"，几乎看不见的点，"点样式"可以设置点的形状和大小。调用点样式的方法如下。

- 功能区："常用"选项卡"实用工具"面板→"点样式"按钮 。
- 命令行：DDPTYPE。

执行点样式命令，弹出"点样式"对话框，如图 3 - 33 所示。

在"点样式"对话框中可以设置点的样式和大小，有多种点样式可以选择，但是当前只有一种样式有效。"点大小"输入框可以指定点相对屏幕的百分数或绝对大小。

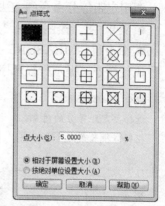

图 3 - 33　"点样式"对话框

设置"节点"捕捉模式后，可以捕捉到 POINT 绘制的点对象。

3.3.2　定数等分

有两种等分方式：定数等分与定距等分，如图 3 - 34 所示。

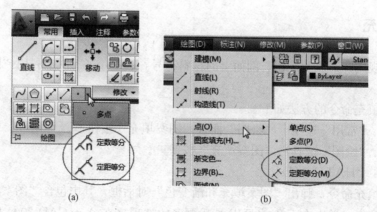

(a)　　　　　　　　　　　　(b)

图 3 - 34　等分命令
(a) 功能区；(b) 菜单栏

调用定数等分命令的方法如下。

- 菜单栏："绘图"→"点"→"定数等分"。
- 命令行：DIVIDE（DIV）。

执行命令，提示行提示序列如下。

命令：div DIVIDE
选择要定数等分的对象：   ;选择要等分的对象,如图 3-35 所示椭圆
输入线段数目或［块(B)］：5   ;输入等分段数,例如 5 等分椭圆

定数等分在等分对象上按指定数目等间距地创建点对象或插入块,被等分对象仍为一个整体,并不分成若干独立对象。如上例椭圆 5 等分后还是 1 个对象,并没有等分成 5 段。

3.3.3 定距等分

调用定距等分命令的方法如下。
- 菜单栏："绘图"→"点"→"定距等分"。
- 命令行：MEASURE（ME）。

执行命令,提示行提示序列如下。

命令：me MEASURE
选择要定距等分的对象：   ;选择要等分的对象,如图 3-36 所示样条曲线
指定线段长度或［块(B)］：   ;指定等分段长度

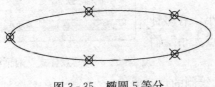

图 3-35 椭圆 5 等分

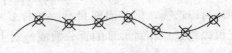

图 3-36 定距等分

定距等分在等分对象上用指定长度从一端开始测量,按此长度等间距地创建点对象或插入块,直到不足一个长度为止。

3.4 图案填充

图形中的规则图案以及剖视、剖面上的材料符号,在 AutoCAD 中利用"图案填充"命令来完成。

调用图案填充命令的方法如下。
- 功能区："常用"选项卡"绘图"面板"图案填充"按钮▨。
- 工具栏："绘图"工具栏"图案填充"按钮▨。
- 命令行：BHATH（H）。

执行图案填充命令,弹出"图案填充和渐变色"对话框,其中包含"图案填充"与"渐变色"两个选项卡,单击右下角⊙可以展开更多的选项（在 AutoCAD 2004 版本中对应于"高级"选项卡）,如图 3-37 所示。

3.4.1 图案填充

图案填充最关键的是选择需要的填充图案、定义填充的区域和设定合适的图案比例。

1. 选择填充图案

在"图案填充"选项卡,在"类型和图案"选项区域,点击"图案"名称后面的按钮▥,

弹出如图 3-38 所示的"填充图案选项板"，从中选择需要的图案。有 4 个选项卡供选择：

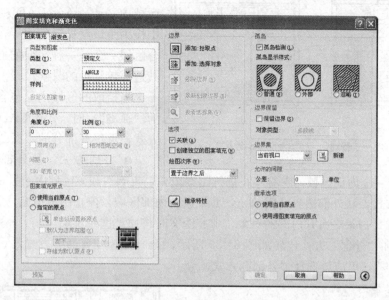

图 3-37　"图案填充和渐变色"对话框

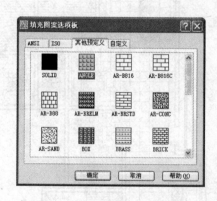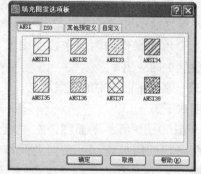

图 3-38　选择图案选项板

"ANSI"选项卡：美国国家标准化组织建议使用的填充图案；

"ISO"选项卡：国际标准化组织建议使用的填充图案；

"其他预定义"选项卡：AutoCAD 提供的填充图案；

"自定义"选项卡：用户自己定制的填充图案。

"其他预定义"和"ANSI"是常用的两个选项卡。

选择到需要的图案后，单击"确定"返回"图案填充和渐变色"对话框，这时在"类型和图案"区看到所选图案的名称及样例。

2. 定义填充区域

在"边界"区域有两个按钮，根据不同情况进行选择。

"添加：选择对象"按钮：通过选择边界对象来定义填充区域。当填充区域由一个或几个简单对象组成时，可以用此方法。

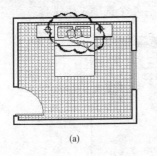 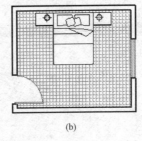

(a)　　　　　　　　　　　(b)

图 3-39　"普通"与"外部"填充方式

"添加：拾取点"按钮：用于指定区域内一点，AutoCAD 在现有的对象中检测距该点最近的边界，构成一个闭合区域。这是一种简便的操作方法，尤其边界较复杂的时候。

当拾取的区域内又包含小区域（称为"孤岛"）时，AutoCAD 有 3 种处理方式，见展开部分的"孤岛"区域。

● 普通方式：从外部边界向内填充，如果遇到一个内部区域，它将停止进行图案填充，直到遇到该区域内的另一个区域。

● 外部方式：从外部边界向内填充，如果遇到内部区域，停止图案填充。

● 忽略方式：忽略所有内部的对象，填充图案时将通过这些对象。

"普通"和"外部"方式比较如图 3-39 所示，（a）图为"普通"方式，（b）图为"外部"方式，显然这里应该选择"外部"方式。

3. 设定合适的比例

在"角度和比例"区有"角度"和"比例"两个列表框，角度多采用默认值，比例用于放大或缩小图案，当图案过密时选择较大的比例值，反之取小值。

下面用几个填充操作的例子来说明图案填充在工程设计中的应用。

【例 3-3】　家装平面图中的图案填充。

要点说明如下。

（1）打开图 3-40 所示平面图，在"填充"图层上将各房间门口绘制一条辅助线作为区域分界线。

（2）按房间选择图案：在"其他预定义"选项卡，客厅选用"NET"图案，卧室选择"DOLMIT"图案，厨房和卫生间则采用"ANGLE"图案。

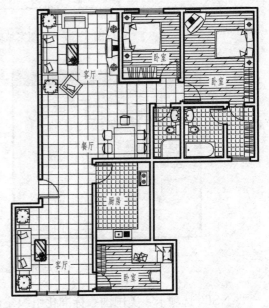

图 3-40　家装平面图的图案填充

（3）各房间逐一填充，注意选择孤岛检测中的"外部"方式。

【例 3-4】　完成如图 3-41 所示钢筋混凝土底板材料符号的填充。

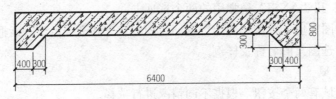

图 3-41　钢筋混凝土底板

要点说明：AutoCAD 填充图案库中没有钢筋混凝土材料符号，但可以选择 ANSI31 与 AR-CONC 叠加而成。方法是先填充名为 ANSI31 的图案（ANSI 选项卡），比例 50；再填充名为 AR-CONC 的图案（其他预定义选项卡），比例 5，材料图案设置如图 3-42 所示。

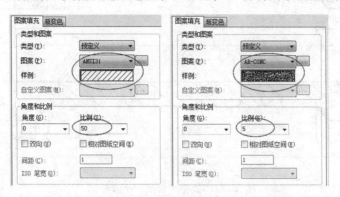

图 3-42　钢筋混凝材料图案

4. 编辑图案填充的"关联"性

在设计绘图过程中，常常对已绘制的图形进行修改，如上例钢筋混凝土底板填充图案后需要修改其边界，那么图案填充会怎么变化呢？

图案填充的"关联性"设置如图 3-43 所示。

图 3-43　"关联性"设置

勾选"关联"复选框，表示填充与边界是关联的，关联的图案填充会随着边界的修改自动更新。如图 3-44（a）所示，底板长度由 6400 拉伸至 7200 后，图案填充随之自动变化。

去掉"关联"选择，表示填充与边界是非关联的，非关联的图案填充不会随着边界的变化而变化，如图 3 - 44（b）所示，同样修改图形尺寸后，图案填充保持不变。

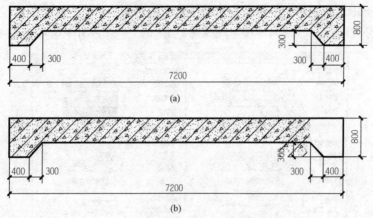

(a)

(b)

图 3 - 44　填充图案的"关联"性

（a）并联填充；（b）非关联填充

3.4.2　渐变色

渐变色填充是 AutoCAD 2004 开始推出的功能，利用渐变色填充，可以创建从一种颜色到另一种颜色的平滑过渡，可以增加演示图形的视觉效果。

渐变填充选项卡如图 3 - 45 所示，在"颜色"区域可以选择单色渐变或双色渐变。

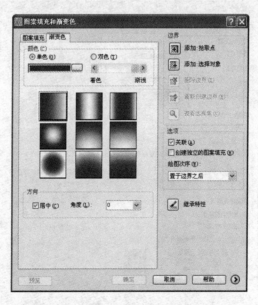

图 3 - 45　"渐变色"选项卡

● 单色渐变：指定由深到浅平滑过渡的单一颜色填充图案。单击按钮 打开"选择颜色"对话框，从中选择一种颜色。

● 双色渐变：选择颜色 1、颜色 2 后，在两种颜色之间进行渐变填充。

无论单色还是双色渐变，在选择颜色后，再选择一种过渡方式，就可以对选定的区域进行填充了。

本 章 小 结

　　AutoCAD 最基本的功能就是绘制各种图形。本章主要介绍了直线、矩形、正多边形、多段线、圆、圆弧、椭圆、椭圆弧、样条曲线等二维绘图命令的调用及操作方法，并介绍了多线样式的设置和多线的绘制，点样式设置及定数等分点、定距等分点的绘制，图案填充命令的调用、设置等内容；通过掌握基本命令的操作，能够熟练地运用各种绘图命令完成简单的图形，为以后章节的学习奠定基础。

本 章 思 考 题

　　1. 直线端点的指定方式有哪些？

　　2. 矩形绘制有几种方式？

　　3. 正多边形绘制有几种方式？

　　4. 多段线命令能否由直线与圆弧命令来代替？

　　5. 如何设置多线样式？

　　6. 多线绘制中有哪几种对正方式？有何区别？

　　7. 绘制圆有几种方式？

　　8. 如何设置多段线与圆环的填充方式？

　　9. 绘制椭圆时，主要确定哪几个参数？

　　10. 在一个图形文件中可以创建多个点样式吗？

　　11. "定数等分"和"定距等分"有何区别？

　　12. 如何设置填充图案和图案比例？

第4章 编辑图形对象

本章知识要点

● 了解 AutoCAD 的编辑功能，会选择适当的方法构造选择集。

● 复制类命令的操作，包括复制、镜像、偏移、阵列。

● 改变对象的位置和大小的方法，包括移动、旋转、缩放、修剪、延伸、打断与合并、拉伸、夹点编辑。

● 构造圆角与倒角。

● 多段线、多线、图案填充等复杂对象的编辑方法。

● 使用对象特性工具栏、特性匹配、特性选项板修改对象的特性。

4.1 构造选择集

在设计绘图过程中，会大量地使用编辑操作，使用编辑命令时，首先要选择被编辑修改的对象，这些对象的集合称为选择集，它可以包含一个对象或多个对象。通常，在输入编辑命令后，系统提示"选择对象："，当选择对象后，AutoCAD 将被选择的对象用虚线显示（称为亮显），这些变虚的对象就是当前的选择集。

例如"删除"命令的操作提示如下：

命令：_erase   ;点击命令按钮✎

选择对象：指定对角点：找到 10 个   ;选择要删除的对象，已选中了 10 个对象

选择对象：   ;回车结束选择，被选中的 10 个对象被删除

选择对象有多种方式，命令行一般设有选项提示，如果在"选择对象："提示下输入问号"?"回车，AutoCAD 将提示这些选项，如下所示：

需要点或窗口(W)/上一个(L)/窗交(C)/框(BOX)/全部(ALL)/栏选(F)/圈围(WP)/圈交(CP)/编组(G)/添加(A)/删除(R)/多个(M)/前一个(P)/放弃(U)/自动(AU)/单个(SI)/子对象(SU)/对象(O)

下面介绍常用的几种选择方法。

（1）单选。用拾取框直接点击对象，这种方法一次选择一个对象，可以连续选择，按回车键或空格键结束选择。

（2）窗口与窗交。在"选择对象："提示下，鼠标点击两个点形成一个方框，对应有如下两种选择方式。

"窗口（W）"：只有完全包含在方框中的对象被选中，如图 4 - 1 所示。

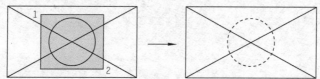

图 4 - 1　"窗口"方式选择对象

"窗交（C）"：包含在方框内以及与方框相交的对象都被选中，如图 4-2 所示。

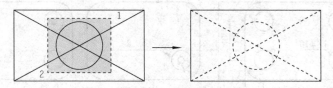

图 4-2 "窗交"方式选择对象

（3）栏选。"栏选（F）"方式是指绘制一条多段（当然可以是一段）的折线，与折线相交的对象被选中，如图 4-3 所示。栏选方式要输入选项字母"F"。

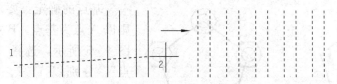

图 4-3 "栏选"方式选择对象

4.2 复制类操作

AutoCAD 有多种复制操作，包括复制（COPY）、镜像（MIRROR）、偏移（OFFSET）和阵列（ARRAY）。AutoCAD2006 开始，缩放（SCALE）和旋转（ROTATE）添加了"复制（C）"功能选项。

4.2.1 复制

调用复制命令的方法如下：

- 功能区："常用"选项卡→"修改"面板"复制"按钮 （使用 Ribbon 界面）。
- 工具栏："修改"工具栏"复制"按钮 （使用 AutoCAD 经典界面）。
- 命令行：COPY（CO）。

需要在一个或多个位置重复绘制已经绘制过的图形时，使用复制命令。例如图 4-4（a）所示图形，4 个小圆只需如图 4-4（b）所示先绘制一个，其他 3 个可以复制来完成，如图 4-4（c）所示。

操作序列如下：

命令：_copy	;点击 输入命令
选择对象：指定对角点：找到 1 个	;选择复制对象小圆
选择对象：	;回车退出选择
指定基点或［位移(D)］＜位移＞：	;捕捉圆心（基点）
指定第二个点或＜使用第一个点作为位移＞：	;捕捉圆角圆心 1
指定第二个点或［退出(E)/放弃(U)］＜退出＞：	;捕捉圆角圆心 2
指定第二个点或［退出(E)/放弃(U)］＜退出＞：	;捕捉圆角圆心 3
指定第二个点或［退出(E)/放弃(U)］＜退出＞：	;回车结束命令

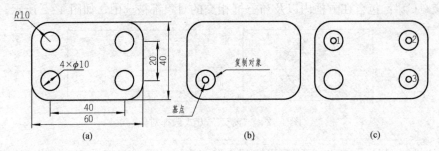

图 4 - 4　复制对象

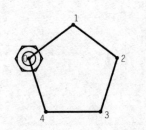

基点的确定：要求 A 点对齐 B 点，则以 A 点为基点，B 点为第二个点。如图 4 - 5 所示，选择 O 点为复制的"基点"，分别以 1、2、3、4 为"第二个点"。

图 4 - 5　复制的基点选择

4.2.2　镜像

调用镜像命令的方法如下：

● 功能区："常用"选项卡→"修改"面板"镜像"按钮⚎。
● 工具栏："修改"工具栏按钮⚎。
● 命令行：MIRROR（MI）。

镜像用于创建对称的图形。如图 4 - 6 所示的图形，只要先绘制出一半，利用镜像命令创建另一半，操作序列如下。

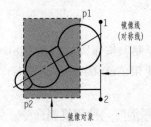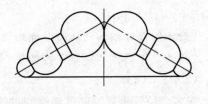

图 4 - 6　镜像复制对象

命令：mi MIRROR	;输入命令
选择对象：指定对角点：找到 10 个	;窗交选择对象
选择对象：	;回车结束选择
指定镜像线的第一点：	;指定对称线端点 1
指定镜像线的第二点：	;指定对称线端点 2
要删除源对象吗？[是(Y)/否(N)]＜N＞：	;回车保留源对象,命令结束

镜像线是镜像复制的对称线，指定镜像线时只要指定两个点即可，不一定画出镜像线，如图 4 - 7 所示。

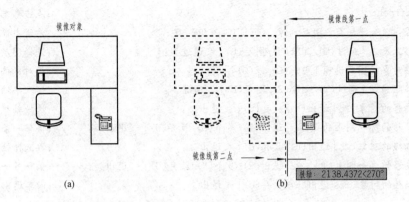

图 4-7 两点确定镜像线

4.2.3 偏移

使用偏移命令可以将对象作定间距的复制，偏移的对象可以是直线、圆、圆弧、矩形、正多边形、椭圆、多段线、样条曲线等。

调用偏移命令的方法如下：

- 功能区："常用"选项卡→"修改"面板"偏移"按钮⬚。
- 工具栏："修改"工具栏按钮⬚。
- 命令行：OFFSET（O）。

偏移命令的默认操作序列如下（对照图 4-8 操作）。

```
命令：o OFFSET                                            ;输入命令
当前设置：删除源 = 否  图层 = 源  OFFSETGAPTYPE = 0
指定偏移距离或 [通过(T)/删除(E)/图层(L)] <通过>：           ;输入偏移间距
选择要偏移的对象，或 [退出(E)/放弃(U)] <退出>：             ;选择对象,点击1
指定要偏移的那一侧上的点，或 [退出(E)/多个(M)/放弃(U)] <退出>： ;点击2
选择要偏移的对象，或 [退出(E)/放弃(U)] <退出>：             ;继续偏移或回车退出
```

图 4-8 偏移复制对象

默认情况下，偏移创建的新对象与源对象具有相同特性，即具有相同的图层、颜色、线型和线宽等。AutoCAD 2006 开始，利用"图层（L）"选项可以将源对象偏移到当前层，如图 4-9 所示，墙体轴线与墙线在不同图层、具有不同线型与线宽。

图 4-9 偏移到当前层

作图时，先在"轴线"层绘制点画线，以"墙体"层为当前层，执行偏移命令如下：

命令：_offset   ;点击 🖳 启动命令

当前设置：删除源＝否   图层＝源   OFFSETGAPTYPE＝0   ;看清当前设置

指定偏移距离或 ［通过(T)/删除(E)/图层(L)］＜通过＞： l   ;选择图层(L)选项

输入偏移对象的图层选项 ［当前(C)/源(S)］＜源＞： c   ;设对象偏移至当前层

指定偏移距离或 ［通过(T)/删除(E)/图层(L)］＜通过＞：   ;输入半墙厚

选择要偏移的对象,或 ［退出(E)/放弃(U)］＜退出＞：   ;选择轴线

指定要偏移的那一侧上的点,或 ［退出(E)/多个(M)/放弃(U)］＜退出＞：   ;偏移一条墙线

选择要偏移的对象,或 ［退出(E)/放弃(U)］＜退出＞：   ;再选择轴线

指定要偏移的那一侧上的点,或 ［退出(E)/多个(M)/放弃(U)］＜退出＞：   ;偏移另一条墙线

选择要偏移的对象,或 ［退出(E)/放弃(U)］＜退出＞：   ;回车退出

图 4-10 门、窗图例就是对直线、矩形和圆进行偏移的例子。

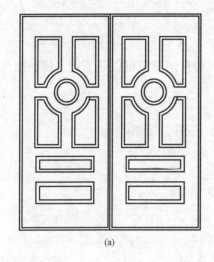 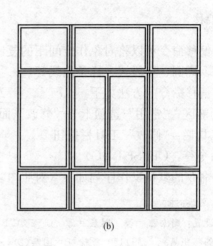

(a)   (b)

图 4-10   门、窗图例

4.2.4   阵列

调用阵列命令的方法如下：

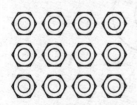 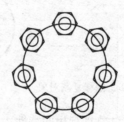

● 功能区："常用"选项卡→"修改"面板"阵列"按钮 🖳。

● 工具栏："修改"工具栏按钮 🖳。

● 命令行：ARRAY（AR）。

按照一定规则排列的多个对象称为阵列,如图 4-11 所示,分矩形阵列和环形阵列两种。

图 4-11   "矩形"与"环形"阵列

1. 矩形阵列

启动阵列命令,系统弹出"阵列"对话框,如图 4-12 所示。

如图 4-13 所示建筑立面图,下面用矩形阵列来创建未完成的窗立面。操作步骤如下：

（1）启动命令,弹出"阵列"对话框,选择"矩形阵列"单选框。

（2）单击"选择对象"按钮，选择左下方的窗立面图形。

（3）返回"阵列"对话框，输入行数为 4，列数为 8；"行偏移"设为层高 2800，"列偏移"输入开间 2500（完成后在中间大门的顶部多了一个窗，删除它）。如果确认这些参数设置正确，单击"确定"完成。

（4）当不能确认参数设置正确，可以单击"预览"查看当前创建的阵列对象，如果正确无误，单击"接受"完成阵列操作，否则单击"修改"更改相关参数。

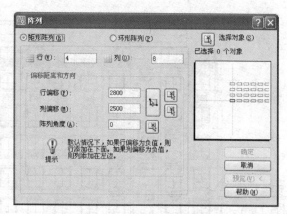

图 4-12 "阵列"对话框

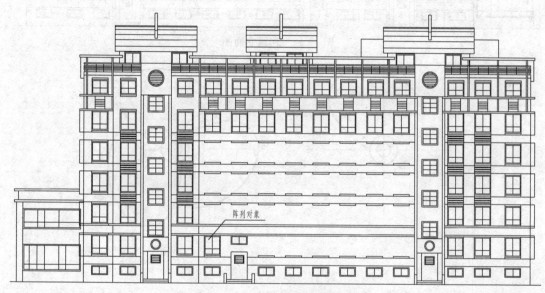

阵列对象

图 4-13 矩形阵列复制立面窗

已完成的立面图如图 4-14 所示。

2．环形阵列

复制的多个对象按指定的中心等角度地分布在圆周上，称为环形阵列。

例如，图 4-15 所示的电扇 3 个叶片绘制一片后，其他利用环形阵列创建完成。操作如下：

（1）执行命令，弹出"阵列"对话框，选择"环形阵列"，如图 4-16 所示。

（2）单击"选择对象"按钮，选择已绘制好的一片，如图 4-15（a）所示。

（3）单击"中心"后面的按钮，拾取点画线交点（阵列中心）。

（4）输入总项目为 3（包括已绘制好的一个），输入阵列范围角度 360°。

（5）单击"确定"完成。如果不能确认参数设置正确，先"预览"再作选择。

图 4-15（b）为环形阵列完成后的图形。

图 4-14　建筑立面图

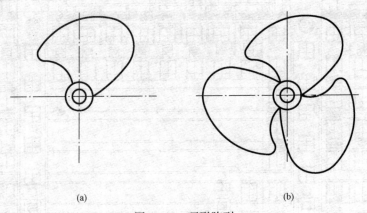

(a)　　　　　　　　　　　　　　　(b)

图 4-15　环形阵列

【例 4-1】 偏移与阵列完成图 4-17 所示图案。

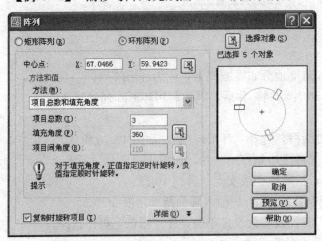

图 4-16　环行阵列对话框

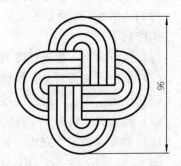

图 4-17　偏移与环形阵列作图

（1）默认样板建新图。

（2）按图 4 - 18（a）所示尺寸绘制多段线（先直线段后圆弧段），命令行提示如下：

命令：pl

PLINE

指定起点：   ;指定起点 1

当前线宽为 0.0000

指定下一个点或 ［圆弧(A)/半宽(H)/长度(L)/放弃(U)/宽度(W)］：24   ;指定点 2

指定下一点或 ［圆弧(A)/闭合(C)/半宽(H)/长度(L)/放弃(U)/宽度(W)］：a   ;选择圆弧选项

指定圆弧的端点或

［角度(A)/圆心(CE)/闭合(CL)/方向(D)/……/宽度(W)］：12   ;鼠标右移，极轴追踪指定点 3

指定圆弧的端点或

［角度(A)/圆心(CE)/闭合(CL)/方向(D)/ ……/宽度(W)］：   ;回车结束

（3）以偏移距离 6，偏移完成如图 4 - 18（b）所示图形。

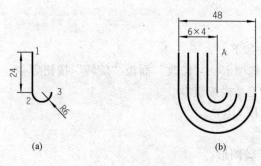

图 4 - 18 偏移

（4）以 A 点为中心，环形阵列得最后结果。

4.3 改变对象的位置和大小

在对图形进行编辑修改时，经常要改变原对象的位置和大小，这类命令比较多，操作也很灵活，同一个作图结果可能有多种途径来完成。

4.3.1 移动

调用移动命令的方法如下：

● 功能区："常用"选项卡→"修改"面板"移动"按钮。

● 工具栏："修改"工具栏按钮。

● 命令行：MOVE（M）。

如图 4 - 19 所示，将 101 房间的部分家具移动到 102 房间，操作如下：

命令：_move   ;点击 输入命令

选择对象：   ;选择左侧墙边的家具

选择对象：   ;回车结束选择

指定基点或 ［位移(D)］＜位移＞：   ;捕捉中点 A

指定第二个点或 ＜使用第一个点作为位移＞：   ;捕捉中点 B

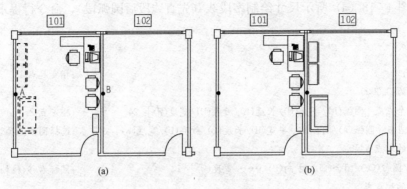

图 4-19　移动图形

移动只改变被移动对象的位置，而不改变其方向。

4.3.2　旋转

调用旋转命令的方法如下：

● 功能区："常用"选项卡→"修改"面板"旋转"按钮 ○。
● 工具栏："修改"工具栏按钮 ○。
● 命令行：ROTATE（RO）。

1. 默认操作

即按照指定的角度旋转图形。

以图 4-20 为例，旋转命令的默认操作如下：

命令：_rotate   ;点击 ○ 输入命令
UCS 当前的正角方向：ANGDIR = 逆时针　ANGBASE = 0
选择对象：指定对角点：找到 11 个   ;点击 1、2 窗口选择，包含两个耳环及其中心线
选择对象：   ;回车结束选择
指定基点：   ;指定基点 3（即旋转中心）
指定旋转角度，或［复制(C)/参照(R)］＜0＞：40   ;输入旋转角度，逆时针为正

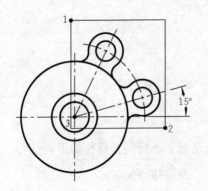
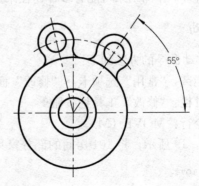

图 4-20　旋转对象

2. 旋转并复制

默认情况下，旋转之后，对象的位置和方向改变。"复制（C）"可以在旋转的同时复制源对象至新的位置。如图 4-21 所示，将椭圆与其轴线连续旋转并复制 3 次，操作如下：

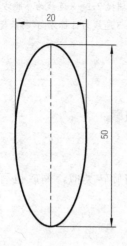 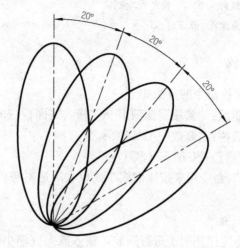

图 4-21　旋转并复制

命令：ro ROTATE
UCS 当前的正角方向：ANGDIR＝逆时针　ANGBASE＝0
选择对象：指定对角点：找到 2 个　　　　　　　　　；选择椭圆与轴线
选择对象：　　　　　　　　　　　　　　　　　　　；回车结束选择
指定基点：　　　　　　　　　　　　　　　　　　　；捕捉轴线下端点
指定旋转角度，或［复制(C)/参照(R)］＜0＞：c　　；选择"复制(C)"选项
旋转一组选定对象。
指定旋转角度，或［复制(C)/参照(R)］＜0＞：－20　；输入旋转角度，顺时针旋转为负
……　　　　　　　　　　　　　　　　　　　　　　　；重复以上操作 2 次，完成图形

3. 参照旋转

有的情况下旋转的绝对角度未知，如图 4-22 所示，要求旋转小五星，使其一个角指向大五星中心，这时选择"参照（R）"选项来完成，操作如下。

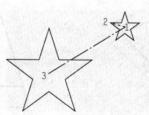 

图 4-22　参照旋转

要点：
旋转中心 点 1
参照方向（参照角）1-2
目标方向（新角度）1-3
命令行操作序列：

命令：ro ROTATE
UCS 当前的正角方向：ANGDIR＝逆时针　ANGBASE＝0
选择对象：指定对角点：找到 1 个

选择对象：　　　　　　　　　　　　　　　　　　　；捕捉端点 1
指定基点：　　　　　　　　　　　　　　　　　　　；选择"参照(R)"选项
指定旋转角度，或 [复制(C)/参照(R)] <340>: r　　；先捕捉 1，再捕捉 2，1－2 连线为参照方向（参照角）
指定参照角 <0>:　指定第二点：　　　　　　　　　；捕捉点 3，1－3 连线为目标方向（新角度）
指定新角度或 [点(P)] <0>:

4.3.3　缩放

调用缩放命令的方法如下：
● 功能区："常用"选项卡→"修改"面板"缩放"按钮 。
● 工具栏："修改"工具栏 。
● 命令行：SCALE（SC）。

"缩放"命令用来按比例缩小或放大所选对象的尺寸。与旋转类似，缩放也有 3 种应用方式。

1. 默认操作

直接指定比例因子进行缩放，输入放大或缩小的倍数。

如图 4-23 所示，将图（a）放大 1.5 倍的结果如图（b）所示，操作序列如下：

命令：_scale　　　　　　　　　　　　　　　　　　；点击 输入命令
选择对象：指定对角点：找到 4 个　　　　　　　　　；框选要缩放的对象
选择对象：　　　　　　　　　　　　　　　　　　　；回车结束选择
指定基点：　　　　　　　　　　　　　　　　　　　；捕捉点 1 作为基点，基点是缩放中心
指定比例因子或 [复制(C)/参照(R)]: 2　　　　　　　；放大 2 倍

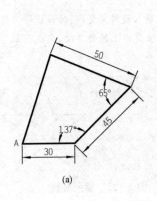
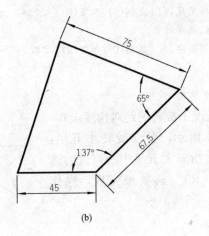

(a)　　　　　　　　　　　　　　(b)

图 4-23　缩放图形
(a) 缩放前；(b) 缩放 1.5 倍后

2. 缩放并复制

默认操作时，源对象被直接变为目标对象，源对象消失，如需保留源对象，可以用"复制（C）"选项，在缩放的同时保留源对象。

如图 4-24 所示，要求将（a）图小五星放大 3 倍，同时保留小五星，如图 4-24（b）所示。

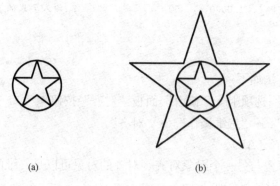

(a)　　　　　　　　(b)

图 4-24　缩放并复制

操作如下：

命令：sc SCALE
选择对象：指定对角点：找到 1 个　　　　　　　　;选择小五星
选择对象：　　　　　　　　　　　　　　　　　　;回车结束选择
指定基点：　　　　　　　　　　　　　　　　　　;捕捉圆心作为基点
指定比例因子或［复制(C)/参照(R)］<1.0000>：　c　;选择"复制(C)"选项
缩放一组选定对象。
指定比例因子或［复制(C)/参照(R)］<1.0000>：　3　;输入放大倍数

3. 参照缩放

当放大倍数未知时，可以使用"参照（R）"选项。如图 4-25 所示，图（a）尺寸未知，要求缩放如图（b）大小。

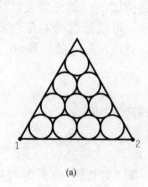
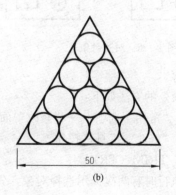

(a)　　　　　　　　(b)

图 4-25　参照缩放

操作如下：

命令：sc SCALE
选择对象：指定对角点：找到 11 个　　　　　　　;选择对象,回车退出选择
选择对象：
指定基点：　　　　　　　　　　　　　　　　　　;指定基点 1
指定比例因子或［复制(C)/参照(R)］<1.0000>：　r　;选择"参照(R)"选项
指定参照长度 <1.0000>：　指定第二点：　　　　　;先点击1,再点击2,1-2 为参照长度

指定新的长度或［点(P)］＜1.0000＞：　50　　　　　　　　;输入要求的长度50

4.3.4　对齐

调用缩放命令的方法如下：

- 功能区："常用"选项卡→"修改"面板"对齐"按钮。
- 菜单栏："修改"→"三维操作"→"对齐"。
- 命令行：ALIGN（AL）。

对齐可以将一个对象与另一个对象对齐，对齐的对象可以是二维的也可以是三维实体。
如图4-26所示，对齐操作如下。

命令：al ALIGN　　　　　　　　　　　　　　　　;输入命令
选择对象：　　　　　　　　　　　　　　　　　　;选择对齐的对象,要移动位置的对象为源对象
选择对象：　　　　　　　　　　　　　　　　　　;回车结束选择
指定第一个源点：　　　　　　　　　　　　　　　;源对象上第一个点,如点1
指定第一个目标点：　　　　　　　　　　　　　　;目标位置的第一个点,如点3
指定第二个源点：　　　　　　　　　　　　　　　;源对象上第二个点,如点2
指定第二个目标点：　　　　　　　　　　　　　　;目标位置的第二个点,如点4
指定第三个源点或＜继续＞：　　　　　　　　　　;回车
是否基于对齐点缩放对象?［是(Y)/否(N)］＜否＞：　;这里不缩放源对象,回车完成

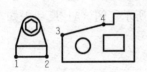

图4-26　对齐对象

4.3.5　修剪

AutoCAD绘图时，有时需要按照一定的边界将图线的一部分剪去，这时需要用到修剪命令。可以修剪的对象包括圆弧、圆、椭圆弧、直线、开放的二维和三维多段线、射线、样条曲线等。

调用修剪命令的方法如下：

- 功能区："常用"选项卡→"修改"面板"修剪"按钮。
- 工具栏："修改"工具栏按钮。
- 命令行：TRIM（TR）。

修剪命令执行时有两次提示选择对象，先提示选择"剪切边"（此时直接回车表示全部图线都是剪切边），确定剪切边之后提示选择"要修剪的对象"。

如图4-27所示，修剪过程如下：

命令：tr TRIM　　　　　　　　　　　　　　　　;点击输入命令
当前设置:投影＝UCS,边＝无　　　　　　　　　　;提示投影方法与隐含边延伸模式
选择剪切边...
选择对象或＜全部选择＞：找到1个　　　　　　　;拾取剪切边
选择对象：　　　　　　　　　　　　　　　　　　;回车
选择要修剪的对象,或按住Shift键选择要延伸的对象,或
［栏选(F)/窗交(C)/投影(P)/边(E)/删除(R)/放弃(U)］：　;拾取要修剪的对象,06版可以窗选

选择要修剪的对象,或按住 Shift 键选择要延伸的对象,或

[栏选(F)/窗交(C)/投影(P)/边(E)/删除(R)/放弃(U)]:　　　　　　　;修剪完毕回车退出命令

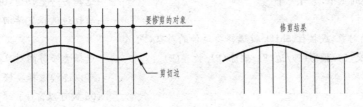

图 4 - 27　修剪对象

剪切边与要修剪的对象可以是独立的,如上例。也可以是交叉的,如图 4 - 28 所示五角星的修剪,每一边既是剪切边又是要修剪的对象。

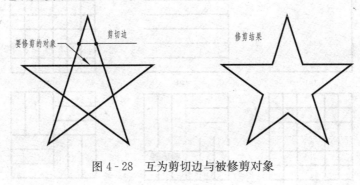

图 4 - 28　互为剪切边与被修剪对象

五角星修剪操作序列如下:

命令:tr TRIM

当前设置:投影 = UCS,边 = 无

选择剪切边 …

选择对象或 <全部选择>:　　　　　　　　　　　　　　　　;直接回车

选择要修剪的对象,或按住 Shift 键选择要延伸的对象,或

[栏选(F)/窗交(C)/投影(P)/边(E)/删除(R)/放弃(U)]:　　　　　;拾取要修剪的对象

……　　　　　　　　　　　　　　　　　　　　　　　　　　;连续拾取

选择要修剪的对象,或按住 Shift 键选择要延伸的对象,或

[栏选(F)/窗交(C)/投影(P)/边(E)/删除(R)/放弃(U)]:　　　　　;修剪完毕回车退出命令

【例 4 - 2】　偏移与修剪完成图 4 - 29 (f) 所示图案。

(1) 默认样板建新图。

(2) 直线命令绘制最左边一条垂直线和最下边一条水平线,长度均为 24,如图 4 - 29 (a) 所示。利用中键缩放图形至适当大小。

(3) 偏移创建网格。以间距 4 向上偏移 6 条水平线,如图 4 - 29 (b) 所示;同样的间距向右偏移 6 条垂直线,如图 4 - 29 (c) 所示。

(4) 修剪网格,操作如下:

命令:tr TRIM　　　　　　　　　　　　　　　　　　　　　;输入命令

当前设置:投影 = UCS,边 = 无　　　　　　　　　　　　　;提示投影方法与隐含边延伸模式

选择剪切边...

选择对象或＜全部选择＞： 找到 1 个　　　　　　　　　;选择一条剪切边,参考图(d)

选择对象:找到 1 个,总计 2 个　　　　　　　　　　　;选择另一剪切边,06 版可以窗选

选择对象:　　　　　　　　　　　　　　　　　　　　;剪切边选择完毕回车

选择要修剪的对象,或按住 Shift 键选择要延伸的对象,或

［栏选(F)/窗交(C)/投影(P)/边(E)/删除(R)/放弃(U)］:　　;选择要修剪的对象,参考图(e)

……　　　　　　　　　　　　　　　　　　　　　　　;可以连续选择要修剪的对象

　　　　　　　　　　　　　　　　　　　　　　　　　;06 版可以窗选

选择要修剪的对象,或按住 Shift 键选择要延伸的对象,或

［栏选(F)/窗交(C)/投影(P)/边(E)/删除(R)/放弃(U)］:　　;修剪完毕回车退出命令

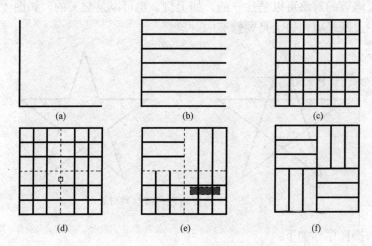

(a)　　　　　　(b)　　　　　　(c)

(d)　　　　　　(e)　　　　　　(f)

图 4 - 29　偏移、修剪创建图案

【例 4 - 3】　圆弧连接的作图。

参照图 4 - 30,作图过程如下:

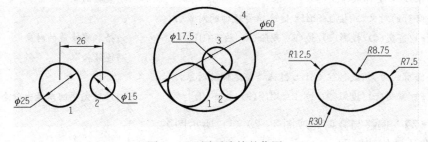

图 4 - 30　圆弧连接的作图

（1）绘制图形:执行圆命令,以默认方式绘制圆 1 与圆 2;以 T 选项绘制公切圆 3 和公切圆 4。

（2）修剪图形:可以看出,圆 1、2、3、4 既是剪切边又是要修剪的对象,操作如下:

命令:tr TRIM

当前设置:投影 = UCS,边 = 无

选择剪切边...

选择对象或 <全部选择>：   ;回车全选所有对象

选择要修剪的对象,或按住 Shift 键选择要延伸的对象,或

[栏选(F)/窗交(C)/投影(P)/边(E)/删除(R)/放弃(U)]：   ;修剪圆弧 1

……   ;继续修剪 2～4,完毕回车退出

提示：用 CIRCLE/T 绘制公切圆再修剪，这是圆弧连接作图的最基本方法。但对于外切圆弧，用 FILLET 则更为快捷。

4.3.6　延伸

调用延伸命令的方法如下：

● 功能区："常用"选项卡→"修改"面板"延伸"按钮┅。

● 工具栏："修改"工具栏按钮┅。

● 命令行：EXTEND（EX）。

如图 4-31 所示图形，延伸操作序列如下：

命令：_extend   ;输入命令

当前设置：投影 = UCS,边 = 无

选择边界的边 …   ;选择延伸边界

选择对象或 <全部选择>：　找到 1 个   ;选择完毕回车结束

选择对象：

选择要延伸的对象,或按住 Shift 键选择要修剪的对象,或

[栏选(F)/窗交(C)/投影(P)/边(E)/放弃(U)]：   ;选择要延伸的对象,06 版可以窗选

选择要延伸的对象,或按住 Shift 键选择要修剪的对象,或

[栏选(F)/窗交(C)/投影(P)/边(E)/放弃(U)]：   ;延伸完毕,回车退出

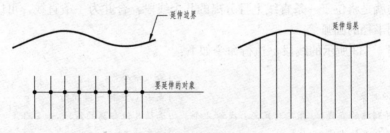

图 4-31　延伸对象

延伸命令中各选项的含义与修剪命令相类似，此处不再赘述。

4.3.7　打断与合并

1. 打断

调用打断命令的方法如下：

● 功能区："常用"选项卡→"修改"面板"打断"按钮▢。

● 工具栏："修改"工具栏按钮▢。

● 命令行：BREAK（BR）。

打断对象可以在两点之间打断选定的对象，也可以在一点打断选定的对象。可以打断的

对象包括直线、圆、圆弧、多段线、椭圆、样条曲线等。

如图 4-32 所示的螺母，牙底圆要删除 1/4 左右，水平中心线要删除左端一部分，就可以用打断命令。执行命令，提示如下：

命令：br BREAK

选择对象：   ；在点 1 拾取打断对象，拾取点为第一点

指定第二个打断点 或 [第一点(F)]：   ；在点 2 附近点击即可（最后 F3 关闭对象捕捉）

命令： BREAK   ；回车或按空格键重复执行打断命令

选择对象：   ；在点 3 处拾取中心线

指定第二个打断点 或 [第一点(F)]：   ；点击点 4 处（超出端点的位置即可）

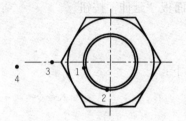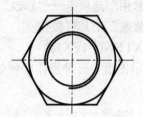

图 4-32　打断对象

2. 合并

调用合并命令的方法如下：

● 功能区："常用"选项卡→"修改"面板"合并"按钮。

● 工具栏："修改"工具栏按钮。

● 命令行：JOIN (J)。

最常用的就是将位于一条直线上且分离的几个线段，合并为一条直线，可以合并的对象还有同心、同半径的圆弧等。

合并如图 4-33 所示的线段，执行命令如下：

命令：j   ；输入命令

JOIN 选择源对象：   ；点击 1，选择一段执行

选择要合并到源的直线： 指定对角点：找到 2 个 ；选择其他分离的线段，如 2、3

选择要合并到源的直线：   ；回车结束

已将 2 条直线合并到源   ；圆弧按逆时针方向合并

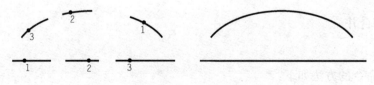

图 4-33　合并对象

4.3.8　拉伸

调用拉伸命令的方法如下：

- 功能区："常用"选项卡→"修改"面板"合并"按钮◻。
- 工具栏："修改"工具栏按钮◻。
- 命令行：STRETCH（S）。

拉伸用于移动图形中指定的部分，同时保持与图形的其他未移动部分相连接。例如，使用拉伸命令将单人沙发编辑成为双人沙发，参考图 4-34 操作如下：

命令：_stretch
以交叉窗口或交叉多边形选择要拉伸的对象...
选择对象：　　　　　　　　　　　　　　;点击 1、2 窗交方式选择拉伸对象,参照图 4-34
选择对象：　　　　　　　　　　　　　　;回车退出
指定基点或［位移(D)］＜位移＞：　　　　;适当位置点击一点作为基准点
指定第二个点或＜使用第一个点作为位移＞：　;鼠标右移,在 0°极轴下直接输入拉伸距离 570

拉伸完毕再镜像复制一个垫子，完成全图。

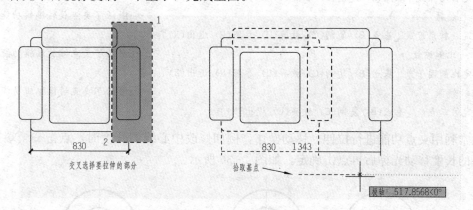

图 4-34　拉伸的操作过程

对于具有填充和尺寸的图形，当填充与其边界关联时，拉伸改变边界后，填充能自动更新。同样的，当尺寸与标注对象关联时，拉伸改变图形，其尺寸也自动更新。

特殊地，交叉窗口包含圆或椭圆的圆心、文字与图块的插入点时，操作结果是平移被拉伸对象，而不改变大小。

提示：拉伸操作要点：①选择方法要求：窗交方式选择拉伸对象。②对象移动规律：在窗口内的端点随拉伸而平移，窗口之外的端点不动。

4.3.9　使用夹点编辑对象

夹点是对象上的控制点，例如直线的端点和中点、多段线的顶点以及圆的圆心和象限点等。在没有命令执行的情况下拾取对象，被拾取的对象上就显示夹点标记，如图 4-35 所示。

AutoCAD 的夹点功能是一种非常灵活的编辑功能，利用夹点可以实现对对象的拉伸、移动、旋转、比例缩放、镜像，同时还可以复制。

激活夹点功能只需先拾取对象（或框选多个对象），再点击一个夹点，被点击的夹点改变颜色，同时提示行出现提示如下：

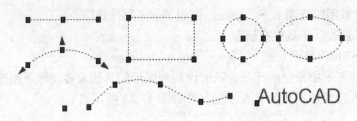

图 4-35　不同对象上的夹点

＊＊拉伸＊＊	;激活了夹点拉伸编辑功能
指定拉伸点或 [基点(B)/复制(C)/放弃(U)/退出(X)]:	;选择拉伸编辑操作

在这个提示下连续回车或按空格，提示依次循环显示：

＊＊移动＊＊	;激活了夹点移动编辑功能
指定移动点或 [基点(B)/复制(C)/放弃(U)/退出(X)]:	
＊＊旋转＊＊	;激活了夹点旋转编辑功能
指定旋转角度或 [基点(B)/复制(C)/放弃(U)/参照(R)/退出(X)]:	
＊＊比例缩放＊＊	;激活了夹点缩放编辑功能
指定比例因子或 [基点(B)/复制(C)/放弃(U)/参照(R)/退出(X)]:	
＊＊镜像＊＊	;激活了夹点镜像编辑功能
指定第二点或 [基点(B)/复制(C)/放弃(U)/退出(X)]:	

通常利用夹点功能进行拉伸、移动操作，例如修改中心线的长度时，点击一个端夹点，按需要的长度移动光标后再点击确定，如图 4-36 所示。

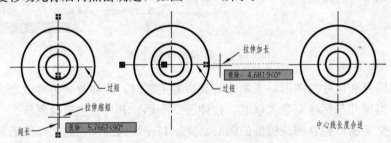

图 4-36　夹点拉伸修改线段长度

提示：夹点编辑完成后，及时按 Esc 键取消夹点显示。在取消之前不要轻易按回车或空格键，否则可能会对显示夹点的对象作不需要的操作（取决于上一个操作命令）。

夹点的移动功能同样很有效。点击一个夹点后按一次空格，移动光标即可移动对象了。如果点击圆心、文字插入夹点，直接就是移动，如图 4-37 所示。

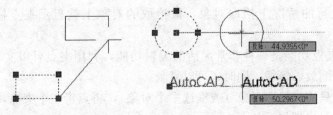

图 4-37　夹点移动对象

在 AutoCAD 2004 中，旋转（ROTATE）命令没有复制功能，如果利用夹点编辑，则可以实现"旋转并复制"对象，如图 4-38 所示。

先将垂直中心线于圆心处打断。激活夹点，点击中心线下端夹点，按两次空格键切换至旋转编辑状态，显示如下：

```
＊＊旋转＊＊
指定旋转角度或［基点(B)/复制(C)/放弃(U)/参照(R)/退出(X)］: c        ;选择复制选项
＊＊旋转（多重）＊＊
指定旋转角度或［基点(B)/复制(C)/放弃(U)/参照(R)/退出(X)］: - 120     ;输入旋转角度
＊＊旋转（多重）＊＊                                                ;可重复旋转并复制对象
指定旋转角度或［基点(B)/复制(C)/放弃(U)/参照(R)/退出(X)］:            ;回车退出
```

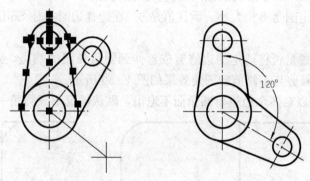

图 4-38　夹点功能实现旋转并复制

4.4　圆角与倒角

零件上很多地方需要圆角和倒角，如图 4-39 所示，这些圆弧和斜线不需绘制命令完成；利用圆角与倒角可以方便地自动生成。

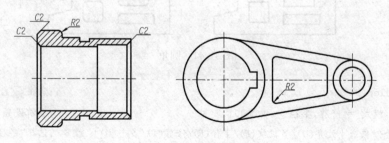

图 4-39　圆角与倒角

4.4.1　圆角

圆角就是用一个指定半径的圆弧来光滑地连接两个对象。可以进行圆角操作的对象包括直线、圆、圆弧、椭圆（弧）、多段线等。如果被圆角连接的两对象位于同一图层，圆角弧线创建于该层；反之，圆角弧线在当前层并具有当前层的颜色、线型和线宽等。

调用圆角命令的方法如下：

- 功能区："常用"选项卡→"修改"面板"圆角"按钮⬜。
- 工具栏："修改"工具栏按钮◸。
- 命令行：FILLET（F）。

执行圆角命令，系统提示如下：

命令：_fillet   ;输入命令
当前设置：模式 = 修剪,半径 = 0.0000   ;当前设置信息
选择第一个对象或［放弃(U)/多段线(P)/半径(R)/修剪(T)/多个(M)］:   ;选择第一条线
选择第二个对象,或按住 Shift 键选择要应用角点的对象: ;选择第二条线

主要选项含义如下：

"多段线（P）"可以对多段线的顶点出进行圆角处理。

"半径（R）"设定圆角半径大小，默认值是 0。在选择边时按住 Shift 键，可以用 0 值替代当前圆角半径。

"修剪（T）"设置是否将选定的边修剪或延伸到圆角弧线的端点，默认为修剪或延伸，FIILET 不修剪圆。修剪与不修剪的圆角效果如图 4 - 40 所示。

"多个（M）"可以对多个边进行圆角而不退出，默认情况下只圆角一次即退出命令。

图 4 - 40   "修剪"、"不修剪"比较

示例：如图 4 - 41 所示，参照右图将左图进行圆角，所有圆角 R2。操作序列如下：

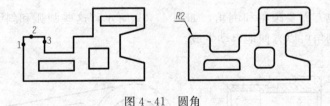

图 4 - 41   圆角

命令：_fillet   ;点击◸启动命令
当前设置：模式 = 修剪,半径 = 0.0000   ;当前设置
选择第一个对象或［放弃(U)/多段线(P)/半径(R)/修剪(T)/多个(M)］:r   ;选择"半径(R)"选项
指定圆角半径<0.0000>:2   ;设置半径为 2
选择第一个对象或［放弃(U)/多段线(P)/半径(R)/修剪(T)/多个(M)］:m   ;启用多个圆角方式
选择第一个对象或［放弃(U)/多段线(P)/半径(R)/修剪(T)/多个(M)］:   ;选择边 1
选择第二个对象,或按住 Shift 键选择要应用角点的对象: ;选择边 2,圆第一个角
选择第一个对象或［放弃(U)/多段线(P)/半径(R)/修剪(T)/多个(M)］:   ;选择边 2
选择第二个对象,或按住 Shift 键选择要应用角点的对象: ;选择边 3,圆第二个角
……   ;依次选择各个角的两边
选择第一个对象或［放弃(U)/多段线(P)/半径(R)/修剪(T)/多个(M)］:   ;回车结束

【**例 4 - 4**】 圆角命令在圆弧连接中的应用。

CIRCLE/T 作圆再修剪是圆弧连接的基本方法。对于外切圆弧（如图 4 - 43 中的 R35）利用 FILLET/R 是一种便捷方法。

（1）设置绘图环境：以公制样板新建图形文件，参考图 4 - 42 设置必要图层。

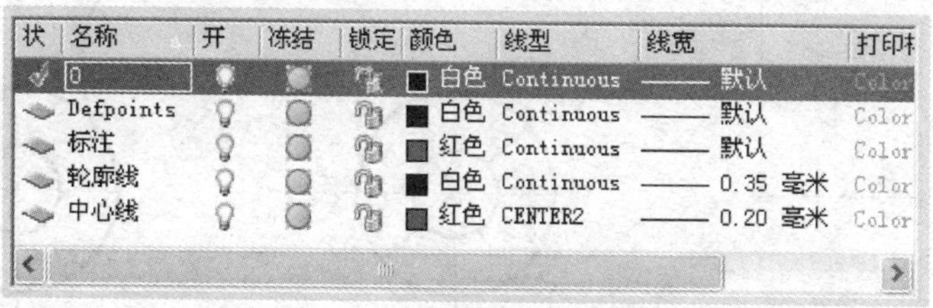

状	名称	开	冻结	锁定	颜色	线型	线宽	打印样
✓	0				□白色	Continuous	—— 默认	Color
	Defpoints				■白色	Continuous	—— 默认	Color
	标注				■红色	Continuous	—— 默认	Color
	轮廓线				■白色	Continuous	—— 0.35 毫米	Color
	中心线				■红色	CENTER2	—— 0.20 毫米	Color

图 4 - 42 图层设置参考

（2）绘制已知圆弧：以"中心线"为当前层，根据尺寸 65、75 绘制定位中心线；以"轮廓线"为当前层，作已知圆弧 R10、ϕ24、ϕ56。

（3）圆角命令作外切圆弧，操作如下：

命令：f FILLET

当前设置：模式 = 修剪，半径 = 0.0000

选择第一个对象或［放弃(U)/多段线(P)/半径(R)/修剪(T)/多个(M)］：r   ;选择"半径(R)"选项

指定圆角半径＜0.0000＞：35   ;输入圆角半径

选择第一个对象或［放弃(U)/多段线(P)/半径(R)/修剪(T)/多个(M)］：   ;拾取 R10 圆

选择第二个对象，或按住 Shift 键选择要应用角点的对象：   ;拾取 ϕ56 圆，绘制出 R35 圆弧

……   ;重复一次作另一边 R35

（4）作内切圆：FILLET/R 只能作外切圆弧，不能作内切圆弧，R58 只能用 CIRCLE/T 绘制公切圆。

（5）修剪：选择边界 R10、R58、R35，按需修剪 R10 与 R58 即可。

4.4.2 倒角

将两个不平行的对象用直线相连即为倒角。调用倒角命令的方法如下：

● 功能区："常用"选项卡→"修改"面板"倒角"按钮。

● 工具栏："修改"工具栏按钮。

● 命令行：CHAMFER (CHA)。

执行圆角命令，系统提示如下：

命令：cha CHAMFER

（"修剪"模式）当前倒角距离 1 = 0.0000,距离 2 = 0.0000   ;当前设置信息

选择第一条直线或［放弃(U)/多段线(P)/距离(D)/角度(A)/修剪(T)/方式(E)/多个(M)］：

主要选项含义与圆角类似。

示例：将左图参照右图进行倒角，所有倒角均为 C2，如图 4 - 44 所示。

操作序列如下：

命令：cha CHAMFER

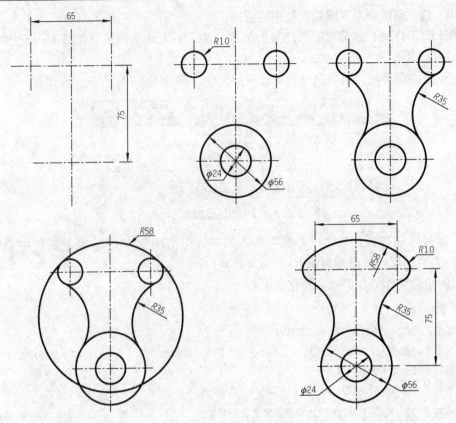

图 4‐43　圆弧之间作圆角

（"修剪"模式）当前倒角距离 1 = 0.0000,距离 2 = 0.0000

选择第一条直线或 ［放弃(U)/多段线(P)/距离(D)/角度(A)/修剪(T)/方式(E)/多个(M)］: d

指定第一个倒角距离 ＜0.0000＞:　　　　　　　　　　　　　　;设置第一个倒角距离为2

指定第二个倒角距离 ＜2.0000＞:　　　　　　　　　　　　　　;回车。第二个倒角距离为2

选择第一条直线或

［放弃(U)/多段线(P)/距离(D)/角度(A)/修剪(T)/方式(E)/多个(M)］: m　　;倒多个角

选择第一条直线或

［放弃(U)/多段线(P)/距离(D)/角度(A)/修剪(T)/方式(E)/多个(M)］:　　;选择第 1 边

选择第二条直线,或按住 Shift 键选择要应用角点的直线:　　　　;选择第 2 边,倒第一个角

选择第一条直线或

［放弃(U)/多段线(P)/距离(D)/角度(A)/修剪(T)/方式(E)/多个(M)］:　　;选择第 3 边

选择第二条直线,或按住 Shift 键选择要应用角点的直线:　　　　;选择第 4 边,倒第二个角

……　　　　　　　　　　　　　　　　　　　　　　　　　　　　;如此反复,完毕回车结束

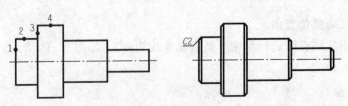

图 4‐44　倒角

4.5　编辑复杂对象

包括多段线的编辑、多线的编辑、图案填充的编辑、分解对象。还有文字的编辑、尺寸标注的编辑、图块、属性的编辑都将在相应章节介绍。

4.5.1　编辑多段线

调用倒角命令的方法如下：

- 功能区："常用"选项卡→"修改"面板"编辑多段线"按钮 ✍。
- 工具栏：单击"修改Ⅱ"工具栏按钮 ✍。
- 命令行：PEDIT（PE）。

执行编辑多段线命令，系统提示如下：

命令：pe PEDIT

选择多段线或 [多条(M)]：　　　　　　　　　　；选择一条多段线

输入选项

[闭合(C)/合并(J)/宽度(W)/编辑顶点(E)/拟合(F)/样条曲线(S)/非曲线化(D)/线型生成(L)/放弃(U)]：

各选项的功能如下：

"闭合（C)"：将多段线首尾连接。

"打开（O)"：删除多段线的闭合线段，将闭合的多段线变成开放的。

"合并（J)"：将首尾相连的直线、圆弧或多段线合并成一条多段线。这是常用的选项。

"宽度（W)"：指定整个多段线的统一宽度。

"编辑顶点（E)"：对多段线的各个顶点进行编辑，可以进行插入、删除、改变切线方向、移动等操作。

"拟合（F)"：用圆弧来拟合多段线（由圆弧连接每对顶点的平滑曲线），曲线经过多段线的所有顶点。

"样条曲线（S)"：使用多段线的顶点作为近似 B 样条曲线的曲线控制点或控制框架，生成近似的样条曲线。

"非曲线化（D)"：删除由拟合或样条曲线插入的其他顶点，并拉直所有多段线线段。

"线型生成（L)"：生成经过多段线顶点的连续图案的线型。

4.5.2　编辑多线

调用编辑多线命令的方法如下：

- 菜单栏："修改"→"对象"→"多线"。
- 命令行：MLEDIT。

执行编辑多线命令，弹出"多线编辑工具"对话框，如图 4 - 45 所示。此对话框中包含有 4 列工具，第一列处理十字相交的多线，第二列处理 T 形相交的多线，第三列处理角点连接和顶点的编辑，第 4 列处理多线的修剪和结合。

图 4-45　多线编辑工具

如图 4-46 所示的墙体相交处，编辑过程如下。

启动 MLEDIT，选择"T形合并"，根据提示行进行操作，提示序列如下：

命令：mledit　　　　　　　　　　　　　　;弹出"多线编辑工具"，选择"T形合并"

选择第一条多线：　　　　　　　　　　　;点击1，选择一条多段线

选择第二条多线：　　　　　　　　　　　;点击2，选择另一条多段线

选择第一条多线 或［放弃(U)］：　　　;回车结束命令

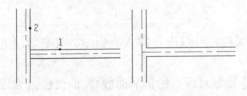

图 4-46　多线编辑中选择对象的次序

4.5.3　编辑图案填充

调用编辑图案填充命令的方法如下。

● 功能区："常用"选项卡→"修改"面板"编辑图案填充"按钮。

● 工具栏："修改Ⅱ"工具栏按钮。

● 命令：HATCHEDIT（HE）。

已完成的图案填充可以更改，例如改变"比例"，修改"图案填充原点"、"重新创建边界"等。启动编辑图案填充命令，显示"图案填充编辑"对话框如图 4-47 所示，显示了被选择填充的相关参数设置，根据需要进行修改。

4.5.4　分解

设计绘图过程中，会生成很多组合对象，例如矩形、正多边形、多段线、圆环、多线、图案填充、尺寸标注、图块等。这些对象通过分解可以分离成各单个组成对象，例如矩形分解为 4 条直线。

调用分解命令的方法如下：

● 功能区："常用"选项卡→"修改"面板"分解"按钮。

● 工具栏："修改"工具栏按钮 ⌘。

● 命令行：EXPLODE（X）。

分解命令的操作非常简单，启动命令，选择要分解的对象，回车即完成分解。有时，对象分解后外观上没有变化，例如矩形分解为四条简单的直线段，只有拾取它们才能看出来。

分解命令的命令行提示如下：

命令：_explode

选择对象：　　　　　　；选择对象,回车

组合对象分解后将失去相关特性，例如多段线分解不再具有宽度信息，分解包含属性的块时，属性将显示为创建时设置的属性标记，分解后的尺寸标注与图案填充不能再随图形的编辑自动更新等。分解还会增大图形文件的字节数，因此不要轻易使用分解操作。

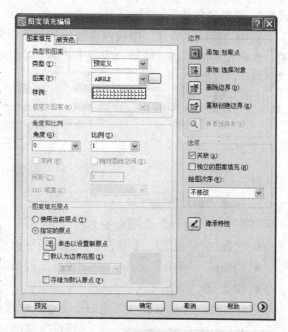

图 4 - 47　"图案填充编辑"对话框

4.6　修改对象特性

绘制的每个对象都具有其特有的属性。有些基本特性，例如图层、颜色、线型等，适用于多数对象，它是对象的共有属性。有的则是某对象的专有特性，例如圆的特性包括半径和面积，直线的特性包括端点坐标、长度和角度。

对于已创建好的对象，如果要改变其特性，AutoCAD 也提供了方便的修改方法，主要可以使用功能区"特性"面板、"特性"选项板、"快捷特性"选项板和"特性匹配"命令来修改对象特性。

4.6.1　使用对象特性选项板

1. 利用"快捷特性"选项板

如图 4 - 48（a）所示，当"快捷特性"功能开启时选择对象，AutoCAD 自动弹出"快捷特性"选项板，如图 4 - 48（b）所示。在"快捷特性"选项板上可以直接修改对象颜色、图层、线型等。例如，若将图示"全局宽度"由 0 修改为 2，则矩形的线宽将变为宽度为 2 的粗线。

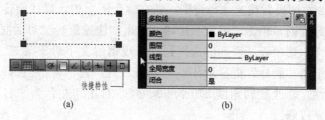

(a)　　　　　　　　　　　(b)

图 4 - 48　"快捷特性"选项板

2. 使用"特性"面板

使用功能区"特性"面板可以显示和修改对象颜色、线型和线宽。操作方法是：选择对象，在面板中的颜色、线型、线宽下拉列表中选择要更改的特性（图 4 - 49）。

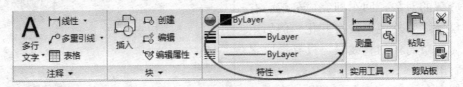

图 4 - 49 功能区"特性"面板

3. 使用"特性"选项板

打开对象"特性"选项板的方法如下：

● 功能区："视图"选项卡→"选项板"面板"特性"按钮。
● 功能区："常用"选项卡→"特性"面板右下角按钮。
● 快捷键：Ctrl+1。

利用"特性"选项板可以更加全面地查看和修改对象的特性（图 4 - 50）。

图 4 - 50 "特性"选项板

"特性"选项板一般出现的选项组有"基本"、"几何图形"、"文字"、"打印样式"、"视图"、"其他"等，展开这些选项组就会在其中看到对象的各种特性以表格形式列出，如果要修改某一特性，单击特性值所在的单元格，会发现单元格中出现了输入提示符或下拉列表等，输入或选择要设定的特性值，再按 Esc 取消对象的选中状态，关闭"特性"选项板，就完成对象特性的修改了。

【例 4 - 5】 利用"特性"选项板配合"快速选择"的操作修改对象特性。

当待修改特性的对象较多时，在复杂的图形中拾取它们，并且一个不漏的全部选择到，这是一件很难的事情。如果利用其共有特性设置"快速选择"，则会使选择变得非常轻松。

图 4 - 51 为某购物广场平面图，图中包含很多文字，如功能区名称、货架名称等。浏览图形发现其中有的垂直书写的文字字头向右（对应旋转角度 270°），下面把这些文字修改为字头向左（旋转角度 90°）且文字不变。

（1）按 Ctrl+1 打开"特性"选项板，单击"快速选择"按钮，弹出"快速选择"对话框。

（2）按图 4 - 52 左图设置快速选择规则，即在整个图形中，寻找旋转角度等于 270°的所有文字对象，设置好规则，单击"确定"按钮，退出"快速旋转"对话框。

（3）返回"特性"选项板，看到已选择到符合规则的文字对象共 37 个。在"特性"选项板"文字"选项组内"旋转"框显示 270，"对正"为"左"，这是选择集所有文字共同的旋转角度与对正特性。修改旋转角度 270 为 90、修改对正"左"为"右上"，关闭"特性"窗口，按 Esc 键即完成修改。

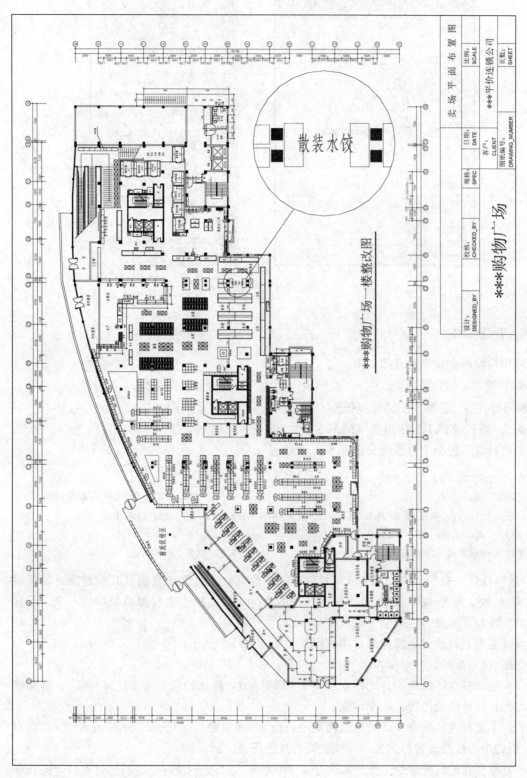

散装水饺

***购物广场一楼整改图

***购物广场

图 4 - 51　"快速选择"修改特性示例图

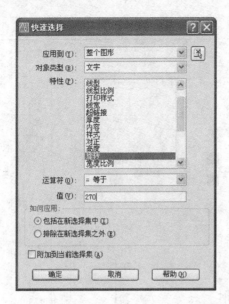 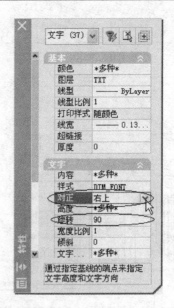

图 4-52 快速选择设置及选择结果

4.6.2 特性匹配

调用特性匹配命令的方法如下：

● 功能区："常用"选项卡→"剪贴板"面板"特性匹配"按钮 。
● 工具栏："标准"工具栏按钮 。
● 命令行：MATCHPROP（MA）。

执行特性匹配命令，系统显示如下：

命令：_matchprop
选择源对象：   ;选中一个对象,只能单选,选择后不需回车
当前活动设置：颜色 图层 线型 线型比例 线宽 厚度 打印样式 文字 标注 填充图案
多段线 视口 表格
选择目标对象或［设置(S)］：   ;选择目标对象,可以框选

"特性匹配"命令将一个对象（源对象）的特性部分或全部地复制到其他对象（目标对象），输入命令先选择源对象后再选择要修改的目标对象。操作之后源对象特性不变，目标对象的特性与源对象特性完全一致或部分一致。

特性匹配是修改对象特性最常用的操作。下面看一个例子，如图 4-53 所示，将图（a）修改为图（b）所示特性，操作如下。

（1）启动特性匹配命令，先拾取圆周 1（源对象），再选择椭圆 2（目标对象），椭圆修改为与圆相同特性的图线，回车结束。

（2）重复特性匹配命令，先拾取椭圆中心线 3（源对象），再选择圆的中心线 4（目标对象），圆的中心线修改为与椭圆中心线相同特性的图线，回车结束。

（3）重复特性匹配命令，先拾取文字 5（源对象），再选择文字 6（目标对象），"圆和椭圆"与"AutoCAD 2006 中文版"具有相同特性了，回车结束。

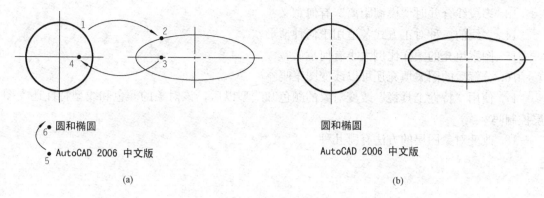

圆和椭圆

AutoCAD 2006 中文版

(a)

圆和椭圆

AutoCAD 2006 中文版

(b)

图 4-53 特性匹配

本 章 小 结

本章介绍了 AutoCAD 构造选择集的方法，详述了创建已绘制图形的复制类命令，如图形完全相同时采用的复制命令，绘对称图形时采用的镜像命令，创建一个与选定对象类似的新对象时使用的偏移命令，以及绘制规律分布图形时的阵列命令。介绍了改变图形位置和大小的旋转、移动、缩放、修剪、延伸、打断与合并、拉伸命令，以及配合夹点编辑可以进行的移动、旋转、拉伸等操作。介绍了两条相交的线条之间用圆弧连接或者是直角过渡的方法，即圆角和倒角。

本章还讲述了多段线、多线、图案填充的编辑方法，以及对组合对象的每个单元进行编辑时需要用到的分解命令。

本章最后介绍了使用"对象特性"工具栏、"特性匹配"命令、"特性"窗口来修改对象特性的方法，这些方法提供了更为方便快捷的编辑操作。

本 章 思 考 题

1. 窗交选择和窗口选择有何异同之处？
2. 栏选一般用于哪些情形？
3. 复制对象时基点和第二点的关系是什么？
4. 偏移命令生成矩形时矩形的尺寸改变吗？
5. 偏移命令能对多条直线一次偏移吗？
6. 环形阵列可以改变对象的角度吗？
7. 矩形阵列中行偏移为负数，列偏移为正数，说明要将对象向哪个方向偏移。
8. 旋转对象时，角度的正负有何说法？
9. 缩放对象时，缩放的基点有何特征？
10. 拉伸对象时，应该采用何种选择对象的方式？
11. 执行修剪命令时，剪切边与修剪对象不相交该如何处理？
12. 如何使用夹点编辑实现对象的移动和旋转？

13. 多段线合并时"模糊距离"有何意义？

14. 多线的三种对正方式各适用于何种情形？

15. 图案填充的图样比例大小有何意义？

16. 分解后的图案填充还可以改变图案吗？

17. 使用"特性工具栏"改变对象的颜色和线型以后，该对象的颜色和线型特性还受图层控制吗？

18. 改变对象图层的方法有哪几种？

第5章 文字与表格

本章知识要点
- 文字样式的设置。
- 创建与编辑单行文字。
- 创建与编辑多行文字。
- 表格样式及表格的创建与编辑。
- 自动更新的文字对象——字段。

5.1 文字

文字是工程图纸中的重要组成部分，创建文字对象的常用命令见"常用"选项卡"注释"面板，如图 5-1 所示。更加完整的文字相关命令见"注释"选项卡"文字"面板。

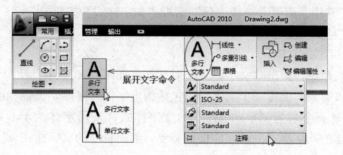

图 5-1　常用文字相关命令

5.1.1 设置文字样式

在书写文字之前要先定义文字样式，AutoCAD 中必须对每一种字体设置一个文字样式，通过改变文字样式来达到改变字体的目的，即字体随文字样式而变。

1. AutoCAD 字体

AutoCAD 使用两种类型的字体：TTF 字体和 SHX 字体。两种字体的对比见图 5-2。

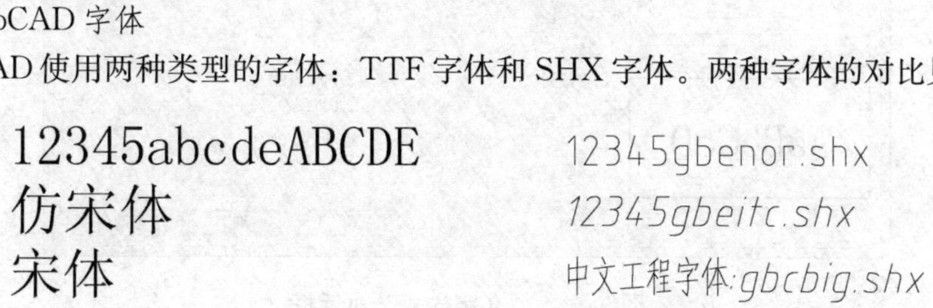

12345abcdeABCDE

仿宋体

宋体

12345gbenor.shx

12345gbeitc.shx

中文工程字体:gbcbig.shx

(a)　　　　　　　　　　　　　　　　(b)

图 5-2　TrueType 字体与 SHX 字体对比
(a) 通用字体；(b) 专用字体

TTF 字体是 Windows 下各应用软件的通用字体，它是 Windows 操作系统提供 True-Type 字体，例如宋体、楷体、黑体、仿宋体等，这些字体文件在 Windows 的 Fonts 目录下。这种字体的优点是字形美观，并且有较多的字体供选择。最大缺点是耗计算机资源，比如使用较多 TTF 字体时，屏幕显示的视图会有"拖不动"的感觉。

SHX 字体是 AutoCAD 的专用字体，它的特点是字形简单，占用计算机系统资源低，缺点是字形不够美观。在 AutoCAD 中绘制工程施工图时，推荐使用 SHX 字体。而对于视觉效果要求高的图纸，还是采用 TTF 字体。

SHX 字体文件在 AutoCAD 安装目录的 Fonts 文件夹，后缀是 shx，例如 txt. shx、gbeitc. shx、gbenor. shx、gbcbig. shx 等。AutoCAD 专门为使用中文的用户提供一种称为"大字体"的 SHX 字体文件，这就是 gbcbig. shx，显示类似于"长仿宋"体的汉字。所谓大字体是指亚洲语言的字符集，如中文、韩文等。

AutoCAD 除了使用系统提供的 gbcbig. shx 支持汉字以外，还可以使用第三方开发的大字体，比如 hztxt. shx、hzfs. shx 等，要使用这些字体，只要将其复制到 AutoCAD 的 Fonts 文件夹即可。

2. 创建文字样式

调用文字样式命令的方法如下：
● 功能区："常用"选项卡→"注释"面板"文字样式"按钮。
● 工具栏："样式"工具栏"文字样式"按钮。
● 命令行：STYLE（ST）。

启动文字样式命令，弹出"文字样式"对话框，如图 5-3 所示。

从对话框可以看到，设置一个文字样式包括指定字体、字高，设置宽度比例、倾斜角度等效果。系统已有一个名为"Standard"的文字样式，采用字体为 txt. shx、gbcbig. shx，这是系统自动创建的默认样式。一般应根据需要，创建自己的文字样式。

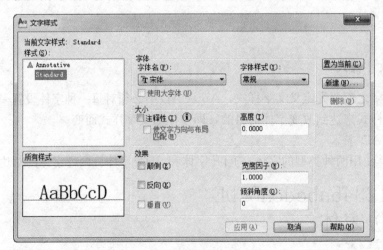

图 5-3 "文字样式"对话框

创建文字样式的步骤如下：
（1）执行文字样式命令，打开"文字样式"对话框。

（2）设置文字样式名称。

单击"新建"按钮，弹出"新建文字样式"对话框，图 5-4 所示，默认样式名为"样式 1"，推荐将其改写，比如以选择的字体文件名作为样式名，输入样式名单击"确定"按钮。

图 5-4　"新建文字样式"对话框

（3）选择字体文件。

"文字样式"对话框的"字体"选项区用于设置字体和字高。

需要支持中文字体时，通过"使用大字体"选项可以切换使用 TTF 字体还是使用 SHX 字体，如图 5-5 所示。两种情况详细说明如下：

1）使用 TTF 字体：不要勾选"使用大字体"，在"字体名"下拉列表中可以选择 Windows 的 TTF 中文字体，例如"仿宋体"或"宋体"汉字。

2）使用 SHX 字体：先在"SHX 字体"列表中选择英文字体，再勾选"使用大字体"选项后，在"大字体"列表中选择中文字体。英文字体推荐 gbeitc. shx（斜体）和 gbenor. shx（直体），中文字体选择 gbcbig. shx。单纯的 AutoCAD 系统，只有 gbcbig. shx 这一个文件是简体中文大字体文件，它是符合工程图 GB 的长仿宋体汉字。注意，只有在"字体名"中指定 shx 字体时，"使用大字体"选项才激活。

字体的"高度"默认值为 0，文字高度即字号，如 5 号字，设置高度为 5。通常情况下不宜固定"高度"值，而保持默认值为 0，具体字高在创建文字时指定。

图 5-5　TTF 与 SHX 字体

（4）设置文字效果。包括"颠倒"、"方向"、"垂直"、"宽度比例"和"倾斜角度"，这些效果可以在"预览"区查看。有时需要设置宽度比例，其他选项一般不用。宽度比例是文字的宽高比，比如选择字体为"仿宋 _ GB2312"（Windows 7 中为"仿宋"），再设置其宽度比例为 0.7，则显示出长仿宋体汉字的效果。如果选择 gbeitc. shx、gbenor. shx 或 gbcbig. shx 不需要改变宽度比例（默认值是 1），因为它们本身就是长形字体。

【例 5-1】　设置文字样式，按表 5-1 的要求进行设置。

表 5-1　　　　　　　　　　　　　　[例 5-1] 表

样式名	选择字体名	效果	说明
dim _ font	gbeitc. shx	默认	用于尺寸标注
gbcbig	gbenor. shx ＋ gbcbig. shx	默认	书写技术要求、施工说明等
simfang	仿宋 _ GB2312	宽度比例 0.7，其余默认	图名、标题栏等

操作步骤如下：

（1）默认样板开始新图。

（2）执行文字样式命令，打开"文字样式"对话框。

（3）单击"新建"并命名文字样式，如 dim_font。

（4）在"字体名"下拉列表中选择字体文件 gbeitc.shx，字体高度 0；不使用大字体，即考虑该样式不书写汉字。

（5）文字效果不作设置，保留默认值。

（6）单击"应用"按钮，保存设置。

不要退出"文字样式"对话框，重复步骤 3～6，设置另外两个文字样式。设置完毕，单击"关闭"按钮退出文字样式设置命令。

以上 3 个文字样式对应的字体如图 5-6 所示。

dim_ font: R12.5 Ø25 30° C2 M10 ±0.000

gbcbig: 这是AutoCAD的SHX字体，可以中英文混排

本例中英文及数字由文件gbenor.shx确定，中文字体由gbcbig.shx确定

simfang: 这是Windows的TTF字体，中文仿宋体，字体文件名为simfang.ttf

图 5-6 不同文字样式书写的文字

5.1.2 标注单行文字

AutoCAD 提供了两种标注文字的方法，即两个文字标注命令，单行文字与多行文字。这里先介绍单行文字。单行文字用于简短文字行的输入，例如填写标题栏、标注视图名称等。

调用单行文字命令的方法如下：

● 功能区："常用"选项卡→"注释"面板"单行文字"按钮A。

● 工具栏："文字"工具栏"单行文字"按钮A。

● 命令行：TEXT（DT）。

1. 默认操作

默认情况下，执行单行文字命令，指定起点、高度、旋转角度（图 5-7）后开始输入文字，命令行提示序列如下。

命令：dt TEXT   ;输入命令
当前文字样式： Standard 当前文字高度： 2.5000
指定文字的起点或［对正(J)/样式(S)］：   ;指定文字的起始点（文字基线的左端点）
指定高度＜2.5000＞：   ;指定文字的高度
指定文字的旋转角度＜0＞：   ;指定文字行的角度,0°表示水平书写

输入文字时命令行没有显示，而是在起点处显示"在位文字编辑框"，编辑框随着输入展开，如图 5-8 所示。输入的文字字体由当前文字样式确定，所以在启动文字命令前，先

切换恰当的文字样式。

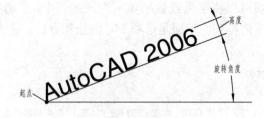

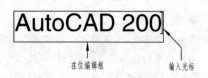

图 5-7 单行文字默认参数定义 　　　　　　　　图 5-8 单行文字的在位编辑输入框

单行文字的每行文字是一个独立对象。回车可结束一行并开始下一行，输入完毕回车两次退出命令。

关于文字高度的两点说明：

（1）文字样式为何不宜固定高度？在设置文字样式时曾经指出，不宜在文字样式中固定文字高度。这是因为一旦高度固定，"指定高度："的提示就不会显示，创建的文字高度即为样式指定的统一高度。如果需要有不同高度的文字，只能在标注完成之后，再用"特性"选项板修改其高度了。所以，为了灵活地标注出不同高度的文字，样式中最好不要固定高度。

（2）如何指定合适的文字高度？严格地说，图纸上文字的高度应该符合工程图的国标规定，字号分别为 20、14、10、7、5、3.5、2.5（汉字不宜使用 2.5 号）。表达不同内容采用不同的字号（即字高）。

首先要明确的是，DWG 中的文字打印输出到图纸上，文字高度随打印比例缩放。例如指定了高度为 10（图形单位），当 1∶1（1mm＝1 图形单位）出图时，打印在图纸上将是 10mm 高，1∶2（1mm＝2 图形单位）打印则为 5mm 高。所以图形 1∶n 打印，文字高度缩小 n 倍。反过来说，如果图形拟定 1∶n 出图，高度应指定为图纸上要求高度的 n 倍。

2. 使用选项

除了指定起点的默认操作外，有两个选项可选，说明如下。

"样式（S）"设置当前文字样式。但更方便的操作是利用"样式"工具栏。

"对正（J）"用于设置文字的对齐方式，对应的命令行提示为如下：

```
指定文字的起点或［对正(J)/样式(S)］: j            ;选择"对正(J)"选项
输入选项
［对齐(A)/调整(F)/中心(C)/中间(M)/右(R)/左上(TL)/中上(TC)/右上(TR)/左中(ML)/正中(MC)/右中
(MR)/左下(BL)/中下(BC)/右下(BR)］:
```

AutoCAD 提供了 15 种文字对齐方式，分别以文字行的顶线、中线、基线、底线的左、中、右位置确定对齐的基点，形成了上述各种对齐方式。

实际应用中多数情况下没有必要利用选项来精确对齐文字，采用默认方式对齐方式（指定的起点是文字基线的左端点）即可，当位置不对时利用夹点移动一下文字就可以了。

下面看一个使用"正中（MC）"与"调整（F）"选

图 5-9 文字的"正中"与
"调整"选项应用对比

项的效果对比。

如图 5-9 所示，利用"正中（MC）"选项可以将字母或数字填写在圆的正中，"调整（F）"选项自动调整宽度比例使文字在指定范围内排列。下面是选项 MC 的操作方法。

```
命令：dt TEXT
当前文字样式： 点标记  当前文字高度： 2.5000
指定文字的起点或 [对正(J)/样式(S)]：j 输入选项
[对齐(A)/调整(F)/中心(C)/中间(M)/右(R)/左上(TL)/中上(TC)/右上(TR)/左中(ML)/正中(MC)/右中
(MR)/左下(BL)/中下(BC)/右下(BR)]：mc          ；选择"正中(MC)选项"
指定文字的中间点：                           ；捕捉圆心
指定高度 <2.5000>：5                         ；指定字高
指定文字的旋转角度 <0>：                      ；回车,0°表示文字水平
```

接下来输入文字如大写字母 A，两次回车退出。

填写单个字符，这种对齐方式是可行的，但填写 2 个或 3 个字符时，可能超出了圆周。如果采用"调整（F）"选项，可以使字符占用范围大小不变。操作方法如下：

```
命令：dt TEXT
当前文字样式： 点标记  当前文字高度： 2.5000
指定文字的起点或 [对正(J)/样式(S)]：j；       输入选项
[对齐(A)/调整(F)/中心(C)/中间(M)/右(R)/左上(TL)/中上(TC)/右上(TR)/左中(ML)/正中(MC)/右中
(MR)/左下(BL)/中下(BC)/右下(BR)]：f           ；选择"调整(F)选项"
指定文字基线的第一个端点：                    ；捕捉矩形左下角
指定文字基线的第二个端点：                    ；捕捉矩形右下角
指定高度 <2.5000>：5                         ；指定字高
```

接下来输入字符如 1/3，两次回车退出。

注：先绘制 4×5 矩形，以矩形中心为圆心绘制 $\phi 8$ 圆，标注完成后删除矩形。这是建筑图的轴号。

5.1.3 标注多行文字

当标注的文字较多且具有段落要求，比如技术要求、施工说明等，使用多行文字较为合适，因为多行文字具有自动换行等排版功能。

调用多行文字命令的方法如下：

● 功能区："常用"工具栏→"注释"面板"多行文字"按钮 A。

● 工具栏："绘图"工具栏"单行文字"按钮 A。

● 命令行：MTEXT（MT or T）。

启动多行文字命令过程如下：

```
命令：t MTEXT
当前文字样式："Standard"  当前文字高度：2.5                ；输入命令,系统提示相关信息
指定第一角点：                                           ；指定一个角点
指定对角点或 [高度(H)/对正(J)/行距(L)/旋转(R)/样式(S)/宽度(W)]：  ；指定另一个对角点
```

在指定第一角点后，鼠标拉出一个方框（这是要书写文字的区域），拉至适当大小点击

对角点，如图 5-10 所示。

确定书写区域后，界面切换到"文字编辑器"，如图 5-11（Ribbon 界面）和图 5-12（经典界面）所示。

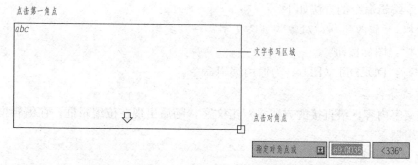

图 5-10 多行文字书写区域

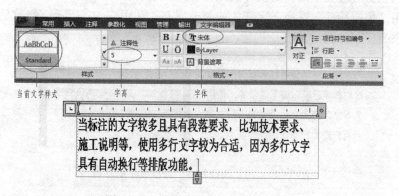

图 5-11 功能区"多行文字编辑器"

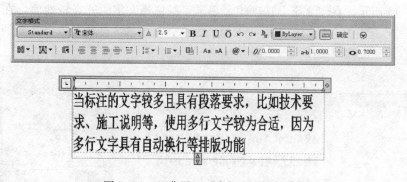

图 5-12 经典界面"多行文字编辑器"

在文字编辑框开始输入文字，输入完毕单击"关闭文字编辑器"或"确定"或直接在编辑框外点击屏幕绘图区任意一点，即退出多行文字编辑器。

多行文字一次可以创建若干个段落。多行文字与单行文字的主要区别在于，无论多少段、多少行，只要是一次创建的就被认为是单个对象。

5.1.4 文字编辑

修改输入文字中的错误，完善表述的文字内容，重新设置文字的外观等，这些都需要对已有文字进行编辑处理，也许需要反复的调整和修改才能满足要求。因此文字编辑也是一种常用的编辑功能。

AutoCAD 有两种编辑文字的方法：文字编辑命令与"特性"选项板。

调用文字编辑命令的方法如下。

● 菜单栏："修改"→"对象"→"文字"→"编辑"。

● 工具栏：图标按钮 ᴬⁱ。

● 命令行：DDEDIT（ED）。为通用编辑命令。

1. 修改文字内容

要修改文字内容，最直接的方法是双击文字，随后出现在位编辑框，在编辑框外点击屏幕即退出编辑器。

2. 修改文字外观

修改外观主要有改变字高、更换样式或修改样式设置。

（1）利用"快捷特性"更换文字样式或修改字高，如图 5-13 所示。修改后按 Esc 键取消选择完成修改。

图 5-13　用"快捷特性"修改文字的外观

（2）利用"特性"选项板可以修改文字的各种外观特性，例如样式、字高、宽度比例等，如图 5-14 所示。在"文字"选项组，显示了被选择文字的外观特性值，在要修改的项目名称上点击，其右侧会显示输入框或下拉列表框，从中输入新值或选择需要的选项，再按 Esc 取消夹点，完成修改操作。

图 5-14　用"特性"选项板修改文字的外观

（3）更改文字样式的设置。只要标注的文字对象随样式，更改文字样式的字体文件后，所有以该样式创建的文字对象更新为新的字体。

提示：单行文字对象的字体一定是随样式的。多行文字不同，由于"文字格式"的"字体"选项允许用户在选定样式之后更改字体，这就使得多行文字的字体不随样式了。不随样式的文字对象给编辑修改带来不便（例如"格式刷"对其"失效"了）。因此，使用多行文字编辑器时，通过选择不同样式来确定不同的字体，而不要单独更改字体选项。

【例 5 - 2】 缺少大字体的解决方法。

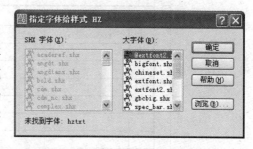

在实际工作中，如果和其他人共享图形，在打开别人的图形文件时，常常碰到缺少字体的情况。如图 5 - 15 所示的"指定字体给样式 HZ"的信息框，下方还显示"未找到字体：hz-txt"，这表明本系统没有该文件中名为 HZ 的样式所设置的 hztxt 字体。

碰到这样的问题时一般采取的方法是：

图 5 - 15　缺少字体文件的提示信息

（1）临时替换，即在出现的信息框内选择本系统的大字体替换"未找到字体"，比如选择 gbcbig. shx。

（2）修改文字样式的设置。临时替换只当前有效，退出系统以后再次打开时，又出现该提示。修改原文字样式的设置则是解决字体问题的根本方法。打开"文字样式"对话框，在"样式名"选择 HZ，可以看到原设置的字体为 tssdeng2. shx、hztxt. shx，如图 5 - 16 所示。按图 5 - 17 所示进行修改并保存图形文件之后下次打开就不会提示缺少字体了。

图 5 - 16　原设置　　　　　　　　　　　图 5 - 17　更改设置

（3）获取相应的字体文件。从相关软件商可以获得有关字体文件，将其复制到 Auto-CAD 的 Fonts 文件夹，这样也从根本上解决了文字问题。

5.2　表格

表格是 AutoCAD 2005 开始推出的新功能，机械图中的明细表，建筑图中的门窗表都可以创建成为一个表格对象。

创建表格对象时，首先创建一个空表格，然后在表格的单元中添加内容。

5.2.1　创建表格样式

调用创建表格样式命令的方法如下：

- 功能区："常用"选项卡→"注释"面板"表格样式"按钮 。
- 工具栏："样式"工具栏"表格样式"按钮 。
- 命令行：TABLESTYLE（TS）。

表格的外观由表格样式控制。用户可以使用默认表格样式 Standard，也可以创建自己的表格样式。这里创建一个如图 5-18 所示的门窗表的表格样式，步骤如下。

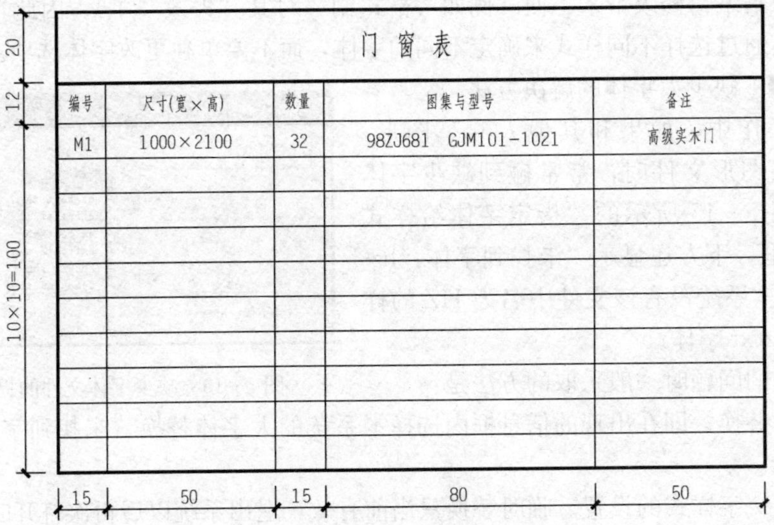

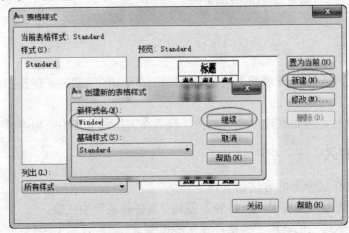

图 5-18　门窗表

（1）按表 5-2 设置 3 个文字样式。

表 5-2　　　　　　　　　　　　　　　　3 个文字样式

样式名	字体名	效果	说明
gbhzfs	tjtxt.shx ＋ gbhzfs.shx	宽度比例 0.7，其余默认	表格数据字体
Standard	宋体	宽度比例 0.7，其余默认	表头文字
Heiti	黑体	宽度比例 0.7，其余默认	标题文字

（2）启动"表格样式"命令，弹出"表格样式对话框"，如图 5-19 所示。样式列表下已有一个名为 Standard 的样式，这就是系统默认的表格样式。单击"新建"按钮，弹出"创建新的表格样式"对话框，在"新样式名"输入框输入 Window。

图 5-19　"表格样式"对话框

（3）设置"数据"单元样式。单击"继续"按钮，弹出"新建表格样式：Window"对话框，在"单元样式"选项先选择"数据"选项，分别设置"常规"、"文字"、"边框"特性，如图 5-20 所示。这里说明一下表格边框线宽的设置，整个表格的外框线宽设为 0.35mm，内框线宽设为 0.18mm。设置方法是：先选择线宽，再点击相应的按钮。

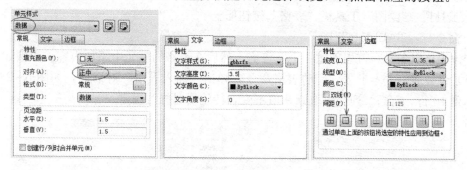

图 5-20　设置"数据"单元样式

（4）设置"表头"单元样式。选择"表头"选项，分别设置"常规"、"文字"、"边框"特性，仍然设置外边框线宽 0.35mm，内边框线宽 0.18mm，如图 5-21 所示。

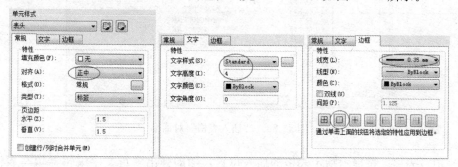

图 5-21　设置"表头"单元样式

（5）设置"标题"单元样式。单击"标题"选项卡，分别设置"常规"、"文字"、"边框"特性，下边框线宽 0.35mm（注意先点击"无边框"以取消默认的边框线），如图 5-22 所示。

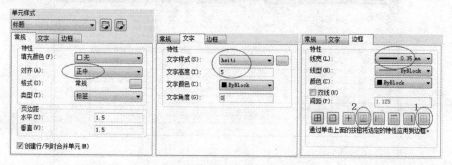

图 5-22　设置"标题"单元样式

（6）完成设置。单击"确定"按钮，返回"表格样式"对话框，样式列表内出现一个名为"Window"的样式。新建样式即为当前样式，单击"关闭"退出对话框。

5.2.2 创建并编辑表格

调用表格命令的方法如下：
- 功能区："常用"选项卡→"注释"面板"表格"按钮。
- 工具栏："绘图"工具栏"表格"按钮。
- 命令行：TABLE（TB）。

创建表格对象时，首先创建一个空表格，然后在表格的单元中添加内容。步骤如下。

（1）设置表格基本参数。启动表格命令，弹出"插入表格"对话框，如图5-23所示。设置5列10行，行高、列宽先取默认值不变，待编辑时修改确定。

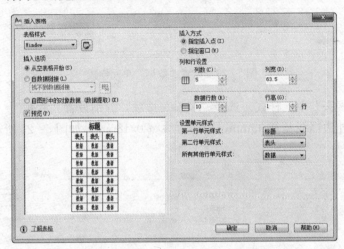

图5-23 "插入表格"对话框

（2）填写表格。按提示指定表格的插入位置，随即弹出多行文字编辑器填写表格数据，自动按标题、表头、单元格数据的次序进行。填写过程中按Tab键或方向键切换单元格，如果退出了编辑器，双击单元格即可。图5-24是"二维草图与注释"界面填写表格的显示，图5-25是经典界面的操作。

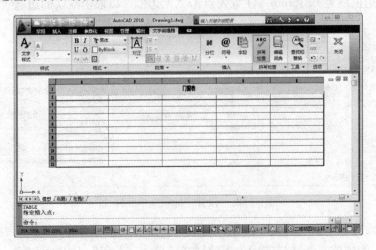

图5-24 Ribbon界面填写表格数据

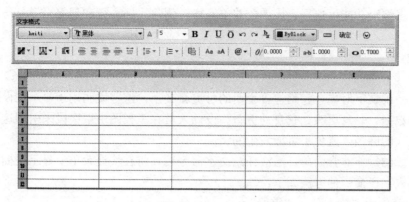

图 5-25 经典界面填写表格数据

（3）修改行高和列宽。选择一个单元格（在单元格单击鼠标），如"编号"单元格，按 Ctrl+1 打开"特性"选项板，在"单元"选项组按需要修改"宽度"和"高度"值。宽度确定该单元格所在列的列宽，高度确定该单元格所在行的行高，如图 5-26 所示。

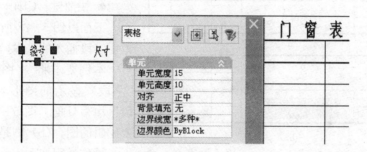

图 5-26 修改单元格宽度和高度

按要求的尺寸修改所有列宽与行高，完成结果如图 5-27 所示。

门 窗 表				
编号	尺寸(宽×高)	数量	图集与型号	备注
M1	1000×2100	32	98ZJ681 GJM101-1021	高级实木门

图 5-27 门窗表

单元格可以框选，这样可以一次修改多个单元格尺寸；单击单元格，右击鼠标弹出快捷菜单，有更多编辑功能可选择，比如合并单元格、删除、插入行和列等。

5.3 字段

字段是一种文字对象，它是包含说明的可更新文字，这些说明用于显示在设计过程中可能会修改的数据，一旦更改，它自动更新。设计人员在工程图中以字段来引用这些数据，省去了手工更改的麻烦，避免了可能发生的错误。

插入字段的操作非常简单，激活任意文字命令后，将在快捷菜单上显示"插入字段"。
调用插入字段命令的方法如下：

● 单击菜单栏"插入"→"字段"。
● 在文字编辑框单击右键，快捷菜单中选择"插入字段"。
● 在表单元单击右键，快捷菜单中选择"插入字段"。

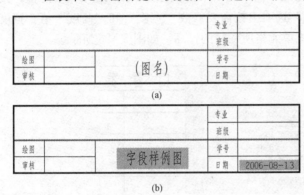
图5-28 字段的应用示例

● 命令：FIELD。该命令将字段置为多行文字对象。
● 快捷键：Ctrl＋F。

下面以图5-28所示标题栏为例，说明字段插入的基本操作方法。

本例要求将"（图名）"编辑为由"字段"显示的图形名称，并以"字段"填写日期。图5-28（a）图是需要编辑的图，（b）图是完成结果。

操作过程如下：

（1）双击单行文字对象"（图名）"，显示在位编辑框，并保持"（图名）"为"亮显"状态（这样可以改写，否则为插入），如图5-29所示。

（2）按Ctrl＋F弹出"字段"对话框，如图5-30所示。在"字段名称"中选择"文件名"，并设置为只显示文件名，不显示扩展名。

（3）单击"确定"按钮关闭"字段"对话框，可以看到"（图名）"显示为当前文件名，退出在位编辑框，完成。

图5-29 字段的应用示例

（4）标注日期。

切换当前文字样式后，启动单行文字命令，操作如下：

```
命令：dt TEXT
当前文字样式： simsun  当前文字高度： 7.0000
指定文字的起点或［对正(J)/样式(S)］：
指定高度 <7.0000>：5
指定文字的旋转角度 <0>：
```

指定角度后，按 Ctrl＋F 弹出"字段"对话框，选择"日期"，设置日期显示格式，如图 5-31 所示。单击"确定"按钮，当前日期显示出来，退出文字命令，完成。

图 5-30　"字段"对话框

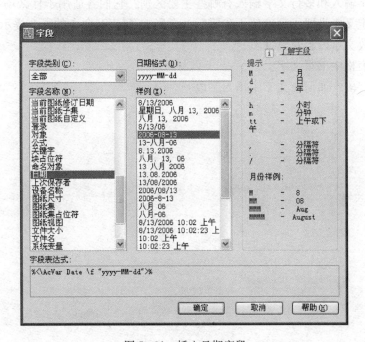

图 5-31　插入日期字段

字段文字所使用的文字样式与其插入到的文字对象所使用的样式相同。默认情况下，字段用不打印的浅灰色背景显示。

例如，将文件另存为 dwgname.dwg，这里 dwgname 为图形名称，图名字段自动更新为新的图形名称了。

以上是字段简单的应用，字段可以插入到任意种类的文字（公差除外）中，其中包括单行文字、多行文字、表单元、属性和属性定义中的文字。在工程设计中字段可用于房间面积的标注、块属性、图纸集等。

本 章 小 结

本章主要介绍了文字样式的创建、在图形中添加文字注释及如何编辑文字的方法，还讲述了插入字段的基本操作方法。添加文字，可以用单行文字和多行文字两种方式，单行文字书写起来较为灵活，适合于少量文字如房间名称、图形名称、表格中的文字等。多行文字比较适合标注文字较多的段落文字如设计说明、施工说明、技术要求等。

AutoCAD 图形中文字的外观都由文字样式来控制。缺省情况下，当前文字样式是 Standard，但用户可以创建自己的文字样式，能快速地改变文字的外观。单行和多行文字可以被移动、旋转、复制、修改内容或外观等。

本 章 思 考 题

1. 在"文字样式"窗口中可进行哪些设置？
2. 单行文字输入和多行文字输入有哪些主要区别？它们各适用于什么场合？
3. 在样式定义中设置了高度值不为零后，会影响 TEXT 命令的哪个提示信息？
4. 如何修改文字内容及属性？
5. 怎样在表格中书写文字？
6. 什么是字段？如何在文字中插入字段？

第6章 尺 寸 标 注

本章知识要点

● 各种类型尺寸的标注，包括线性标注、对齐标注、角度标注、直径标注、半径标注、弧长标注，还有基线尺寸与连续尺寸的标注方法。

● 控制尺寸外观，按工程图国标设置尺寸四要素的方法。

● 尺寸标注样式设置。

6.1 尺寸标注命令

工程图上常见的标注类型有线性标注、对齐标注、角度标注、直径与半径标注，如图6-1所示。具有同一基准的基线标注以及在同一直线（或圆弧）上且首尾相接的连续标注如图6-2所示。

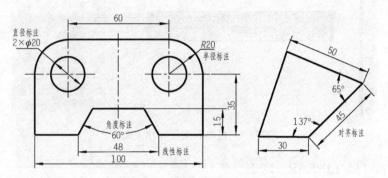

图6-1 常见的尺寸标注类型

创建尺寸对象的常用命令见"常用"选项卡"注释"面板，如图6-3所示。更加完整的尺寸相关命令见"注释"选项卡"标注"面板。图6-4是"AutoCAD经典"界面的标注命令。

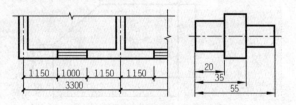

图6-2 连续标注与基线标注

6.1.1 线性标注与对齐标注

线性标注创建水平与垂直尺寸，对齐标注创建倾斜尺寸。以图6-5为例，说明线性标注与对齐标注的操作方法。

1. 线性标注

调用线性标注命令的方法如下。

● 功能区："常用"选项卡"注释"面板→"线性"按钮。

● 工具栏："标注"工具栏"线性"按钮。

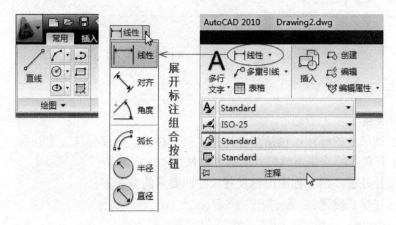

图 6-3　Ribbon 界面尺寸相关命令

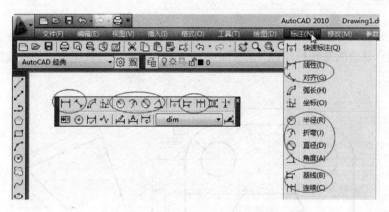

图 6-4　经典界面尺寸相关命令

● 命令行：DIMLINEAR（DLI）。

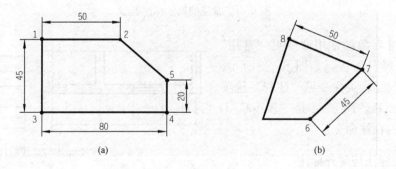

图 6-5　线性标注与对齐标注

先作线性标注，命令行操作序列如下。

命令：_dimlinear	;输入线性标注命令
指定第一条尺寸界线原点或＜选择对象＞：	;捕捉端点 1（第一尺寸界线的定位点）
指定第二条尺寸界线原点：	;捕捉端点 2（第二尺寸界线的定位点）
指定尺寸线位置或	

[多行文字(M)/文字(T)/角度(A)/水平(H)/垂直(V)/旋转(R)]:　　;上移光标,间距适当时单击左键
标注文字 = 50　　　　　　　　　　　　　　　　　　　　　　;完成尺寸 50 的标注,命令结束

回车或按空格键重复上一个线性标注命令,继续标注如下:

命令: dimlinear　　　　　　　　　　　　　　　　　;直接回车重复线性标注命令
指定第一条尺寸界线原点或 <选择对象>:　　　　　　　;捕捉端点 3
指定第二条尺寸界线原点:　　　　　　　　　　　　　;捕捉端点 4
指定尺寸线位置或
[多行文字(M)/文字(T)/角度(A)/水平(H)/垂直(V)/旋转(R)]:　　;下移光标,间距适当时单击左键
标注文字 = 80

继续。回车后捕捉端点 1、3 标注线性尺寸 45;回车捕捉端点 4、5 标注 20。

2. 对齐标注

调用对齐标注命令的方法如下。

● 功能区:"常用"选项卡"注释"面板→"对齐"按钮❖。
● 工具栏:"标注"工具栏"对齐"按钮❖。
● 命令行: DIMALIGNED (DAL)

参见图 6-5 (b),命令行操作序列如下。

命令:_dimaligned　　　　　　　　　　　;输入对齐标注命令
指定第一条尺寸界线原点或 <选择对象>:　　;捕捉端点 6
指定第二条尺寸界线原点:　　　　　　　　;捕捉端点 7
指定尺寸线位置或
[多行文字(M)/文字(T)/角度(A)]:
标注文字 = 45　　　　　　　　　　　　　;移动光标,间距适当时单击左键

继续。回车后捕捉端点 7、8 标注尺寸 50。

6.1.2　直径与半径标注

标注直径和半径时,系统自动加半径符号"R"和直径符号"ϕ"。
调用直径标注命令的方法:

● 功能区:"常用"选项卡"注释"面板→"直径"按钮⊘。
● 工具栏:"标注"工具栏"直径"按钮⊘。
● 命令行: DIMDIAMETER (DDI)。

调用半径标注命令的方法:

● 功能区:"常用"选项卡"注释"面板→"半径"按钮⊘。
● 工具栏:"标注"工具栏"半径"按钮⊘。
● 命令行: DIMRADIUS (DRA)。

1. 默认操作

输入命令后直接选择圆(弧),再移动鼠标放置尺寸线与尺寸文字的位置。直径和半径尺寸线应倾斜放置,避免在接近水平或接近垂直位置放置尺寸线。

下面标注图 6-6 所示尺寸 R37.5 与 ϕ37.5,命令行操作如下:

命令：_dimradius	;单击半径标注按钮
选择圆弧或圆：	;拾取圆弧
标注文字 = 37.5	;自动测量出半径大小
指定尺寸线位置或[多行文字(M)/文字(T)/角度(A)]:;	移动光标在适当位置单击

以上命令行操作标注了半圆的半径 R37.5，以下标注圆的直径。

命令：_dimdiameter	;单击直径标注按钮
选择圆弧或圆：	;拾取小圆
标注文字 = 37.5	;自动测量出直径大小
指定尺寸线位置或[多行文字(M)/文字(T)/角度(A)]:	;移动光标在适当位置单击

2. 使用选项

某些情况下，默认操作达不到标注目的，例如图 6-7（a）所示"20×3＝60"，默认操作只能标注尺寸"60"；（b）图"φ30"的尺寸并没有拾取到某个圆，如何出来直径符号"φ"？

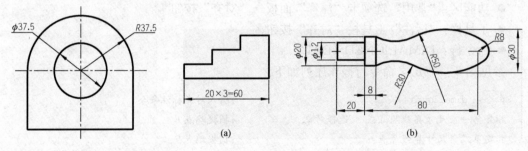

图 6-6　直径标注与半径标注　　　　　　　　图 6-7　使用"文字（T）"选项

实现以上标注需要利用"文字（T）"或"多行文字（M）"选项，从键盘输入需要的标注文字。以下是 20×3＝60 和 φ30 标注的操作序列：

命令：_dimlinear	
指定第一条尺寸界线原点或＜选择对象＞：	
指定第二条尺寸界线原点：	
指定尺寸线位置或	
[多行文字(M)/文字(T)/角度(A)/水平(H)/垂直(V)/旋转(R)]：t	;选择"文字(T)"选项
输入标注文字＜60＞：20×3＝60	;输入 20×3＝60
指定尺寸线位置或	
[多行文字(M)/文字(T)/角度(A)/水平(H)/垂直(V)/旋转(R)]：	;移动光标,指定标注位置
标注文字 = 60	;输入文字替代测量尺寸 60

回车或按空格键，重复线性标注命令：

命令：_dimlinear	;重复线性标注命令
指定第一条尺寸界线原点或＜选择对象＞：	;捕捉上面圆弧的象限点
指定第二条尺寸界线原点：	;捕捉下面圆弧的象限点
指定尺寸线位置或	
[多行文字(M)/文字(T)/角度(A)/水平(H)/垂直(V)/旋转(R)]：t	;选择"文字(T)"选项
输入标注文字＜30＞：％％c30	;键盘输入"％％c30"

指定尺寸线位置或

［多行文字(M)/文字(T)/角度(A)/水平(H)/垂直(V)/旋转(R)］:　　　　;移动光标,指定标注位置

标注文字 = 30　　　　　　　　　　　　　　　　　　　　　　　;输入尺寸替代测量尺寸

与 "%%c" 为符号 "φ" 类似,输入 "%%d",AutoCAD 转换为度 "°",输入 "%%p" 转换为正负号 "±"。

6.1.3　角度标注

调用角度标注命令的方法:

- 功能区:"常用"选项卡"注释"面板→"角度"按钮⌳。
- 工具栏:"标注"工具栏"角度"按钮⌳。
- 命令行:DIMANGULAG (DAN)。

下面以图 6-8 为例说明角度的标注方法。

命令:_dimangular　　　　　　　　　　　　　　　　;执行角度标注命令

选择圆弧、圆、直线或 <指定顶点>:　　　　　　　　　;拾取直线 1

选择第二条直线:　　　　　　　　　　　　　　　　　;拾取直线 2

指定标注弧线位置或 [多行文字(M)/文字(T)/角度(A)]:　;移动鼠标至适当位置点击

标注文字 = 65　　　　　　　　　　　　　　　　　　;可以放置 4 个角度中的任一个

以上是标注两条直线夹角的方法,以下命令行标注圆弧的圆心角:

命令: DIMANGULAR　　　　　　　　　　　　　　　　;回车继续角度标注命令

选择圆弧、圆、直线或 <指定顶点>:　　　　　　　　　;拾取圆弧

指定标注弧线位置或 [多行文字(M)/文字(T)/角度(A)]:　;移动鼠标至适当位置点击

标注文字 = 130　　　　　　　　　　　　　　　　　　;得到圆心角

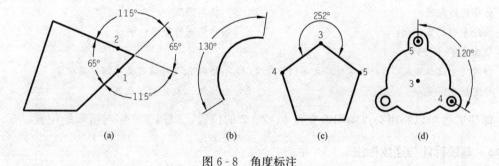

图 6-8　角度标注

图 6-8 (c)、(d) 图中 252°、120°两个角度不能用选择边线的方法,需要在 "选择圆弧、圆、直线或 <指定顶点>:" 的提示下回车,采用指定顶点的方式来标注,操作序列如下。

命令:dan DIMANGULAR

选择圆弧、圆、直线或 <指定顶点>:　　　　　　　　;按回车键或空格键

指定角的顶点:　　　　　　　　　　　　　　　　　;捕捉顶点 3

指定角的第一个端点:　　　　　　　　　　　　　　;捕捉端点 4

指定角的第二个端点:　　　　　　　　　　　　　　;捕捉端点 5

指定标注弧线位置或 [多行文字(M)/文字(T)/角度(A)]:　;移动鼠标至适当位置点击

标注文字 = 252

6.1.4　大半径标注

工程图中有的圆弧半径很大，圆心离图形较远，甚至在图纸之外，这种情况下，可以将圆心移近一些，再把半径尺寸线转折以示区别，如图 6-9 所示滚水坝断面图中的 R5000。这种标注称为折弯标注，它是 AutoCAD 2006 推出的新功能。

调用折弯标注命令的方法如下。

● 功能区："常用"选项卡"注释"面板→"折弯"按钮 ♂。

● 工具栏："标注"工具栏图标按钮 ♂。

● 命令行：DIMJOGGED（DJO）。

标注图 6-10 所示大半径 R95，命令行操作如下。

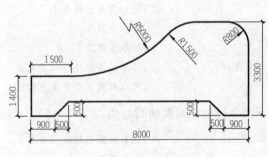

图 6-9　大半径标注实例

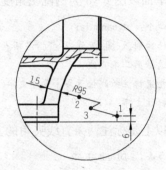

图 6-10　折弯标注方法

命令: _dimjogged	;启动折弯标注命令
选择圆弧或圆:	;拾取圆弧
指定中心位置替代:	;指定点作为替代中心
标注文字 = 95	
指定尺寸线位置或 [多行文字(M)/文字(T)/角度(A)]:	;拾取2,尺寸线及文字的位置确定
指定折弯位置:	;拾取3,指定转折位置

标注后还可以利用夹点编辑改变点 1、2、3 的位置，以调整文字与折弯的位置。

6.1.5　基线标注与连续标注

基线标注与连续标注是线性标注或角度标注的延续，使用基线标注或连续标注不仅效率高，而且尺寸排列均匀整齐。

1. 基线标注

调用基线标注命令的方法如下：

● 功能区："常用"选项卡"注释"面板→"基线"按钮 ⊟。

● 工具栏："标注"工具栏图标按钮 ⊟。

● 命令行：DIMBASELINE（DBA）。

基线标注的一组尺寸具有同一尺寸基准，各基线标注的第一尺寸界线重合于基准处。下面标注图 6-11 所示轴的部分尺寸，命令行操作如下。

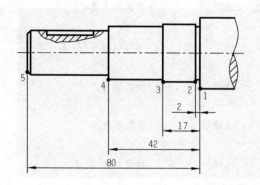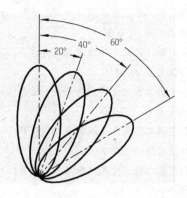

图 6-11 基线标注

命令：_dimlinear	;输入线性标注命令标注首个尺寸
指定第一条尺寸界线原点或 <选择对象>：	;捕捉端点 1
指定第二条尺寸界线原点：	;捕捉端点 2
指定尺寸线位置或	
[多行文字(M)/文字(T)/角度(A)/水平(H)/垂直(V)/旋转(R)]：	;移动光标至适当位置点击
标注文字 = 1	;这个是后续基线标注的参考尺寸
命令：_dimbaseline	;输入基线标注命令
指定第二条尺寸界线原点或 [放弃(U)/选择(S)] <选择>：	;捕捉端点 3
标注文字 = 17	
指定第二条尺寸界线原点或 [放弃(U)/选择(S)] <选择>：	;捕捉端点 4
标注文字 = 42	
指定第二条尺寸界线原点或 [放弃(U)/选择(S)] <选择>：	;捕捉端点 5
标注文字 = 80	
指定第二条尺寸界线原点或 [放弃(U)/选择(S)] <选择>：	;回车
选择基准标注：	;回车结束命令

2. 连续标注

调用连续标注命令的方法如下。

● 功能区："常用"选项卡"注释"面板→"连续"按钮。

● 工具栏："标注"工具栏图标按钮。

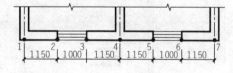

图 6-12 连续标注

● 命令行：DIMCONTINUE（DCO）。

连续标注从一个基准标注开始，形成首尾相连的一连串尺寸，图 6-12 所示的连续标注，其命令行操作如下。

命令：_dimlinear	;输入线性标注命令标注首个尺寸
指定第一条尺寸界线原点或 <选择对象>：	;捕捉端点 1
指定第二条尺寸界线原点：	;捕捉端点 2
指定尺寸线位置或	
[多行文字(M)/文字(T)/角度(A)/水平(H)/垂直(V)/旋转(R)]：	
标注文字 = 1150	;这个是后续连续标注的参考尺寸

命令：_dimcontinue   ;输入连续标注命令

指定第二条尺寸界线原点或［放弃(U)/选择(S)］＜选择＞：   ;捕捉端点 3

标注文字 = 1000

指定第二条尺寸界线原点或［放弃(U)/选择(S)］＜选择＞：   ;捕捉端点 4

标注文字 = 1150

指定第二条尺寸界线原点或［放弃(U)/选择(S)］＜选择＞：   ;捕捉端点 5

标注文字 = 1150

指定第二条尺寸界线原点或［放弃(U)/选择(S)］＜选择＞：   ;捕捉端点 6

标注文字 = 1000

指定第二条尺寸界线原点或［放弃(U)/选择(S)］＜选择＞：   ;捕捉端点 7

标注文字 = 1150

……   ;回车退出命令

6.2 控制标注要素

一个完整的尺寸标注由四部分组成，即尺寸四要素——尺寸线、尺寸界线、标注箭头与标注文字。尺寸四要素的外观决定了尺寸标注的格式。AutoCAD 中定义了各种标注参数，由这些参数（称为尺寸标注变量）来控制标注要素的外观格式，其中包括设置要素的几何特征值（如文字高度、箭头大小、各种间距等）、要素的特性、控制要素的方向和位置以及各种开关设置。下面讨论控制标注要素外观的方法。

尺寸要素的设置和修改是通过"标注样式管理器"进行的，激活方法如下。

- 功能区："常用"选项卡→"注释"面板"标注样式"按钮 。
- 工具栏："样式"工具栏"标注样式"按钮 。
- 命令行：DIMSTYLE（D）。

激活命令，弹出"标注样式管理器"，如图 6-13 所示。在"样式"列表框显示当前已

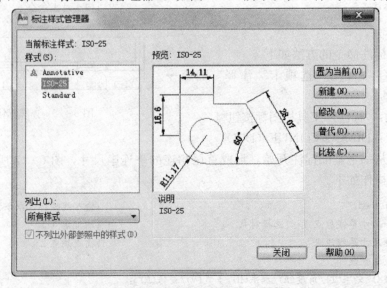

图 6-13 "标注样式管理器"对话框

有的标注样式，公制环境下只有一个默认的样式 ISO-25，英制环境下为 Standard。在"预览"框直观显示该样式的外观格式。

点击"修改"弹出下一级对话框——"修改标注样式：ISO-25"对话框，如图 6-14 所示，在这里查看和修改标注要素的设置。

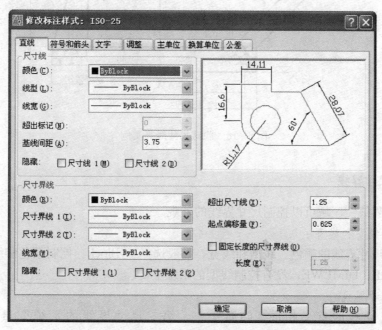

图 6-14　"修改标注样式"对话框

6.2.1　控制尺寸线

在图 6-14 所示对话框的"直线"选项卡，"尺寸线"区域可以控制尺寸线特性，包括颜色、线型、线宽和间距等。

1. 颜色、线型和线宽

分别设置尺寸线的颜色、线型和线宽，一般选择 ByBlock。控制颜色和线宽的系统变量是 DIMCLRD、DIMLWD，没有控制线型的系统变量。

2. 基线间距

控制基线标注中尺寸线之间的间距，如图 6-15 所示。根据国标规定，基线间距可以取 7~10mm。控制基线间距的系统变量是 DIMDLI，默认值为 3.75。

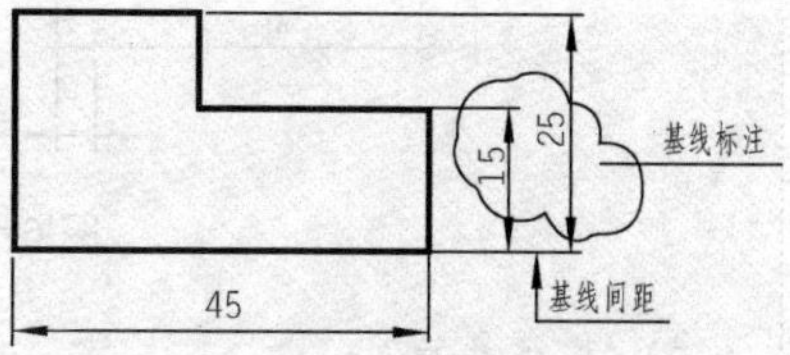

3. 隐藏尺寸线

在剖视图的尺寸标注中，有时只需要显示一侧的

图 6-15　基线间距

尺寸线、尺寸界线和标注箭头，则可以使用隐藏功能，图 6-16 是隐藏功能应用的实例。

隐藏第一、第二尺寸线的系统变量为 DIMSD1、DIMSD2。

4. 超出标记

当箭头使用倾斜、建筑标记时尺寸线超过尺寸界线的长度；使用箭头时该项不可选。控制超出标记的系统变量是 DIMDLE，一般取默认值 0 即可。

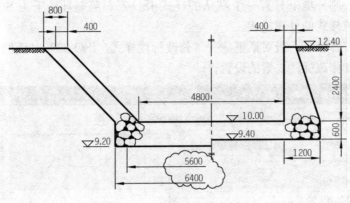

图 6-16　隐藏尺寸线等实例

6.2.2　控制尺寸界线

在"尺寸界线"区域可以控制尺寸界线的外观。

1. 颜色、线型和线宽

分别设置尺寸界线的颜色、线型和线宽，一般选择 ByBlock。控制颜色和线宽的系统变量是 DIMCLRE、DIMLWE，没有控制线型的系统变量。

2. 隐藏尺寸界线

与隐藏尺寸线的意义相同。隐藏第一、第二尺寸界线的系统变量为 DIMSE1、DIMSE2。

3. 超出尺寸线

指定尺寸界线超出尺寸线的长度，如图 6-17 所示。相应的系统变量是 DIMEXE，默认值 1.25，制图标准规定为 2～3mm。

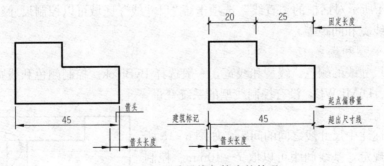

图 6-17　尺寸界线与箭头的外观

4. 起点偏移量

设置标注时的拾取点（标注原点）到尺寸界线端点的距离，如图 6-17 所示。控制起点偏移量的系统变量是 DIMEXO，默认值为 0.625。对于机械图可以保持默认值，对于建筑图，国标要求不小于 2mm。

5. 固定长度的尺寸界线

设置尺寸界线从尺寸线开始到尺寸界线端点的总长度，此设置没有系统变量。建筑图常用此设置，如图 6-18 所示。

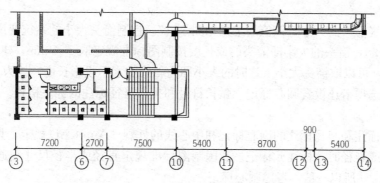

图 6-18　固定长度的尺寸界线实例

6.2.3　控制标注箭头

"符号和箭头"选项卡除了设置箭头的外观之外，还可以设置圆心标记、弧长符号和折弯半径标注的格式和位置，如图 6-19 所示。

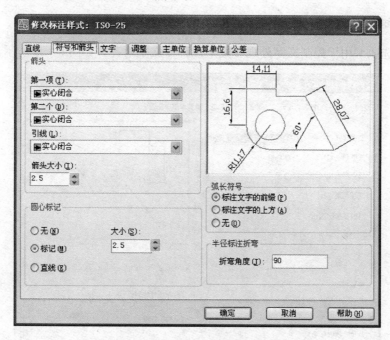

图 6-19　"符号和箭头"选项卡

1. 箭头

设置箭头的大小和形状，有多种形状的箭头供选择，机械图常用箭头形式，建筑图常用建筑标记，箭头和建筑标记的外观如图 6-17 所示。一个尺寸的两个箭头可以分别控制，其系统变量为 DIMBLK1 和 DIMBLK2。还可以使用自定义的箭头。

2. 引线

设置快速引线的箭头形式，控制变量为 DIMLDRBLK。引线的箭头也可以在快速引线的命令选项中设置。

3. 箭头大小

显示和设置箭头的大小，该值的定义见图6-17。控制箭头大小的系统变量为DIMASZ，其默认值为1.25，箭头的大小即箭头的或长度按制图标准规定取2～3mm，建筑标记斜线的长度2～3mm，可以取箭头大小（这时的大小即为斜线的水平投影长度）约为1.5mm。

此外，此选项卡还设置圆心标记、弧长符号和折弯半径标注的标注格式。

4. 圆心标记

控制直径标注和半径标注的圆心标记和中心线的外观。AutoCAD规定，只有在圆（弧）之外标注直径或半径时才标注此标记。我国制图标准规定直径或半径尺寸线通过圆心画出，所以一般不考虑圆心标记。

图6-20 半径标注
的折弯角度

5. 弧长符号

控制弧长标注中圆弧符号的位置，可以放置数值前或上方。

6. 折弯角度

确定用于大半径圆弧采用折弯标注时转折的角度，如图6-20所示，默认值为90°。

6.2.4 控制标注文字

"文字"选项卡用于控制文字外观、文字位置、文字对齐，如图6-21所示。

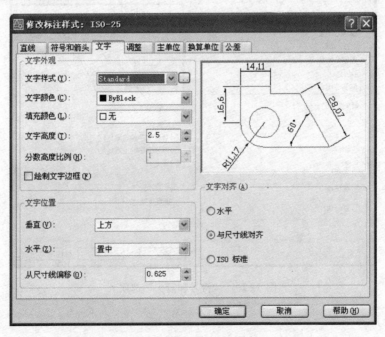

图6-21 "文字"选项卡

1. 文字外观

文字外观设置的重要项是文字样式和文字高度。

（1）文字样式。显示和设置当前标注文字样式，标注文字的字体由该样式确定。从列表中选择预先设置好的文字样式，或单击旁边的██按钮来创建和修改文字样式。

应该为尺寸标注设置文字样式，尽量不用系统默认的样式"Standard"。工程施工生产用正式图纸，推荐选择 SHX 字体，如 gbeitc. shx、gbenor. shx、simplex. shx（除 GB 字体外，其他 shx 字体可设置 0.7 宽度比例）等。当图面视觉效果重要时，可以选择 TTF 字体作为标注尺寸的字体。

控制标注文字样式的系统变量是 DIMTXSTY。

默认的标注文字样式是 Standard，对应字体是 txt. shx。这是一种字形非常简单的字体，占用系统资源最少，但字形不够美观。

（2）文字颜色。设置标注文字的颜色，没有必要特意设置文字的颜色，通常取默认值 ByBlock。控制文字颜色的系统变量是 DIMCLRT。

（3）填充颜色。设置标注文字的背景颜色。制图标准要求图线不应穿过尺寸文字 [图 6-22（a）]，不可避免时选择"背景"作为填充颜色可以起到断开图线的作用，如图 6-22（b）所示。只有个别标注有这样要求时，不必在样式中设置，通过特性修改即可。

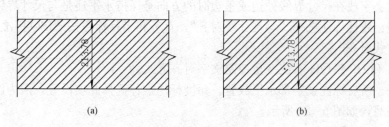

图 6-22　填充背景颜色

（4）文字高度。设置标注文字的高度，在输入框输入需要的高度即可。在"文字样式"中文字高度应设置为默认 0 值，否则这里输入的高度无效。控制文字高度的系统变量是 DIMTXT，默认值为 2.5。根据国标要求，尺寸标注文字高度取 2.5～3.5mm。

（5）分数高度比例。设置相对于标注文字的分数比例。例如标注公差时，设置公差字高相对于基本尺寸的比例，在此处输入的值乘以文字高度，确定了公差文字的高度。对应的系统变量是 DIMTFAC。

（6）绘制文字边框。一般不加标注文字边框。

2. 文字位置

（1）垂直。相对于尺寸线的垂直位置，有上方、置中、外部等 4 种选择，如图 6-23 所示。按制图标准规定，通常取上方。相应的系统变量是 DIMTAD。

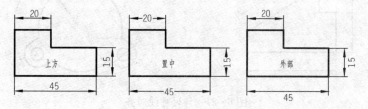

图 6-23　尺寸的垂直位置

（2）水平。相对于尺寸线的水平位置，有置中、第一条尺寸界线、第一条尺寸界线上方等 5 种选择，如图 6-24 所示，通常选择置中。系统变量 DIMJUST。

（3）从尺寸线偏移。通常用来设置文字与尺寸线之间的间距，如图 6-25 所示。默认值为 0.625（如果文字加外框，该值为负），可以保留默认值。其对应的系统变量是 DIM-GAP。

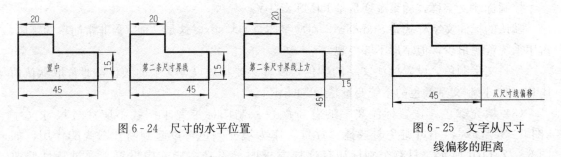

图 6-24　尺寸的水平位置

图 6-25　文字从尺寸
线偏移的距离

3. 文字对齐

控制标注文字放在尺寸界线外边或里边时的方向是保持水平还是与尺寸界线平行。

推荐设置：线性标注选择"与尺寸线对齐"，直径和半径标注按"ISO 标准"，角度标注以"水平"方式对齐。

DIMTIH 和 DIMTOH 系统变量控制文字对齐方式。

（1）水平。所有标注文字都水平放置。角度标注推荐选择此项设置，因为国标规定角度值一律水平书写，如图 6-26 所示。

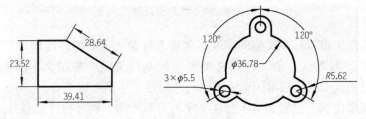

图 6-26　水平

（2）与尺寸线对齐。所有标注文字都与尺寸线平行放置，线性标注、直径和半径标注按此项设置都是符合国标的。标注外观如图 6-27 所示。

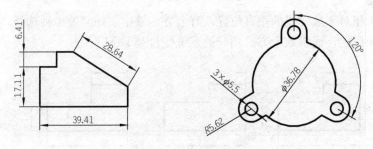

图 6-27　与尺寸线对齐

（3）ISO 标准。当文字在尺寸界线内时，文字与尺寸线对齐。当文字在尺寸界线外时，文字水平排列。直径与半径的标注通常选择此项设置，这样可以使直径或半径尺寸线水平转折后标注文字，标注外观如图 6-28 所示。

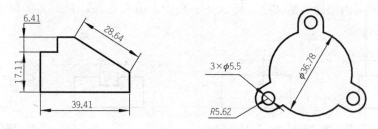

图 6-28　ISO 标准

6.2.5　调整标注要素

对于小尺寸、直径和半径尺寸，完全靠上述方法来控制标注要素难以满足要求，这时需要进行适当的调整，以满足不同排列的要求。"调整"选项卡（图 6-29）用于辅助调整标注文字、箭头、引线和尺寸线的放置，以及控制标注特征比例。下面先介绍各调整选项的功能，后面再结合几个具体标注实例作调整操作。

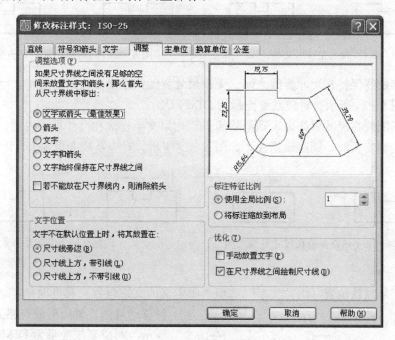

图 6-29　"调整"选项卡

1. 调整选项

调整选项主要调整小尺寸的文字与箭头的放置位置，也配合调整直径与半径的标注要素。各选项的功能如下。

（1）文字或箭头（最佳效果）。当尺寸界线间的距离不够同时放置文字和箭头时，AutoCAD 将文字和箭头单独放置，移动较合适的一个（即一个在内侧，一个在外侧），单独放置也不够时，文字和箭头都放置在尺寸界线外侧，如图 6-30 所示。这是调整的默认选择项，对应的变量 DINATFIT＝3。

（2）箭头（DINATFIT＝1）。当尺寸界线间的距离不够同时放置文字和箭头时，先将箭头移至外侧，如果内侧能容纳文字，那么文字在内，箭头在外，否则文字和箭头都在外侧，如图 6‐31 所示。

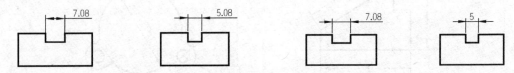

图 6‐30　文字和箭头按"最佳效果"自动调整　　　　　图 6‐31　先移出箭头

（3）文字（DINATFIT＝2）。当尺寸界线间的距离不够同时放置文字和箭头时，先将文字移至外侧，如果内侧能容纳箭头，那么箭头在内，文字在外，否则文字和箭头都在外侧，如图 6‐32 所示。

（4）文字和箭头（DINATFIT＝0）。当尺寸界线间的距离不够同时放置文字和箭头时，将文字和箭头都放置在尺寸界线外（图 6‐33）。

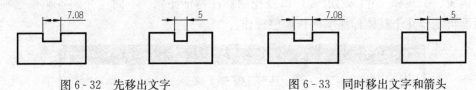

图 6‐32　先移出文字　　　　　　　　图 6‐33　同时移出文字和箭头

（5）文字始终保持在尺寸界线之间。无论尺寸界线间距离多大，始终将文字放在尺寸界线之间，如图 6‐34 所示。对应系统变量为 DIMTIX。

（6）若不能放在尺寸界线内，则消除箭头。如果文字标注在尺寸界线内侧，而内侧没有足够的空间绘制箭头时，则隐藏箭头，如图 6‐35 所示。对应系统变量为 DIMSOXD。

图 6‐34　文字始终保持在尺寸界线之间　　　　　图 6‐35　内侧空间不够时隐藏箭头

2. 文字位置

设置文字从默认位置（由"文字"选项卡中定义的文字位置）移开时的移动规则，有 3 种移动规则，对应的外观格式如图 6‐36 所示。对应系统变量为 DIMTMOVE。

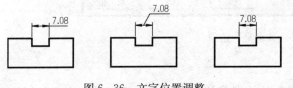

图 6‐36　文字位置调整

（1）尺寸线旁边（DIMTMOVE＝0）。移动标注文字时，文字放置在尺寸线一侧，且尺寸线和标注文字一起移动。

（2）尺寸线上方，带引线（DIMTMOVE＝1）。在移动标注文字时，尺寸线不动，但添加一条引线。

（3）尺寸线上方，不带引线（DIMTMOVE＝2）。在移动标注文字时，尺寸线不动，不添加引线。

移动规则适用于两种情况：小尺寸的文字位置由系统自动调整移开时；编辑标注（如夹点操作）手工移动文字时。

3. 优化

提供用于放置标注文字的其他选项。

（1）手动放置文字。忽略所有水平对正设置，包括"文字"选项卡"文字位置"的水平对正设置，及"文字始终在尺寸界线之间"的调整设置，实际放置位置由鼠标指定。直径与半径的标注选择此项为宜，线性标注不必选择此项。对应的系统变量为 DIMUPT。

（2）在尺寸界线之间绘制尺寸线。选择此项表示在尺寸界线之间始终绘制尺寸线，这是公制环境的默认设置，也是符合国标的设置。对应的系统变量为 DIMTOFL。

4. 标注特征比例

设置全局标注比例值或图纸空间比例。

（1）使用全局比例。首先要明确的是，前述标注要素的几何特征值是按物理图纸上的大小要求设置的，比如文字高度、箭头大小是指打印在图纸上的文字高度和箭头大小。但是这些特征尺寸是随打印比例缩放的，这意味着这些设置只有在图纸按 1∶1 打印时，标注要素的特征大小才是符合标准的。如果图纸按 1∶n 来打印，就应该将各特征值放大 n 倍。为了省去手工一个个缩放修改的麻烦，AutoCAD 提供了"使用全局比例"这个选项，它设置一个比例因子，AutoCAD 将该比例因子作用于所有标注特征值，即将各特征的设置值乘以该比例因子作为新的特征大小。全局比例的取值应是打印比例的倒数，即 1∶n 打印的图形，设置全局比例为 n。

标注特征比例对应的系统变量是 DIMSCALE。

（2）将标注缩放到布局。设置全局比例是为了在模型空间标注尺寸，如果在图纸空间标注（在图纸空间标注尺寸的方法将在第 9 章详细介绍），应该选择"将标注缩放到布局"，AutoCAD 根据当前模型空间视口和图纸空间之间的比例确定缩放标注特征的比例因子。

6.2.6　设置标注的单位格式和精度

"主单位"选项卡设置标注的单位格式与精度，如图 6-37 所示。

1. 线性标注

设置主标注单位的格式和精度。

（1）单位格式。设置除角度之外的所有标注类型的当前单位格式，有科学、小数、工程、建筑、分数、Windows 桌面 6 种选择，GB 图纸选择"小数"格式。

对应的系统变量是 DIMLUNIT。

（2）精度。显示和设置标注文字中的小数位数。默认为 2 位小数，选择默认即可。

这里的单位格式及精度与"单位（UNITS）"命令设置的无关，UNITS 控制绘图与查询时的显示格式与精度。

（3）舍入。设置标注（精度标注除外）测量值的舍入规则。如果输入 0.25，则所有标注距离都以 0.25 为单位进行舍入。如果输入 1.0，则所有标注距离都将舍入为最接近的整数。一般保持默认值为 0。

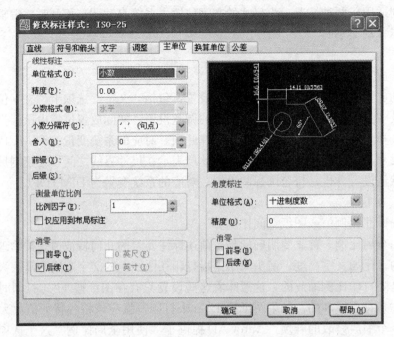

图 6-37   "主单位"选项卡

（4）前缀与后缀。可以输入文字或使用控制代码显示特殊符号。例如，输入％％c 显示
直径符号。一般不设置前缀、后缀。

2. 测量单位比例

（1）比例因子。设置线性标注测量值的比例因子。标注时系统测量到的值就是绘图时实
际输入的值，比例因子的默认值为 1，这时标注的值与测量值相等。如果输入比例因子为
10，则绘图时输入的 1 单位标注为 10 单位。建议一般不要更改此值，绘图时按真实尺寸
1：1输入，标注出来即为实际大小。对应的系统变量是 DIMLFAC。

（2）仅应用到布局标注。仅将测量单位比例因子应用于布局视口中创建的标注，一般不
勾选。

3. 消零

控制不输出前导零和后续零以及零英尺和零英寸部分，一般设置为消除后续 0，即小数
点后面的 0 不显示。

4. 角度标注

（1）单位格式。设置角度单位格式。根据需要在十进制度数、度/分/秒、百分度、弧度
4 种格式中选择，对应的系统变量是 DIMAUNIT。

（2）精度。设置角度标注的小数位数。

（3）消零。控制前导零和后续零的显示。

6.2.7 换算单位

在"单位换算"选项卡可以指定标注测量值中换算单位的显示，并设置其格式和精度。
如果选择了"显示换算单位"（默认为关闭状态），则为标注文字添加换算测量单位，此选项

中所有选项将被激活。如图 6-38 所示。

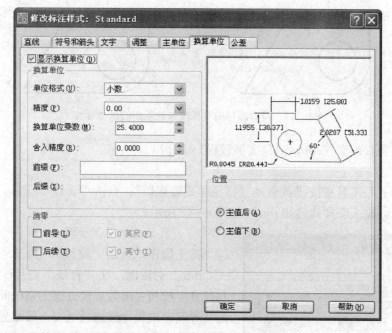

图 6-38 "换算单位"选项卡

例如,在"英制"图形中显示"公制"换算单位,可以将英制尺寸同时显示出公制尺寸,如图 6-39 所示。没有特殊需要,一般关闭"显示换算单位"。

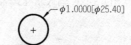

图 6-39 英制图形显示公制换算单位

6.3 设置标注样式

标注样式中定义了标注的外观格式,一种标注样式决定一种外观格式。图 6-40 所示标注分别为英制与公制环境下系统默认标注样式的尺寸外观,图 6-41 所示分别符合国标的机械图与建筑图的尺寸标注。

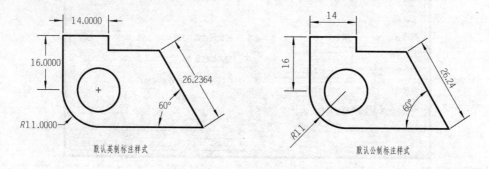

图 6-40 默认标注样式标注的尺寸

下面以 AutoCAD 2006 为蓝本(其他版本大体相同),基于公制样板设置符合建筑图标准的标注样式。样式只考虑了线性尺寸的标注,没有定义直径、半径、角度的标注格式。完

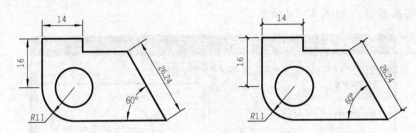

图 6-41 符合国标的机械图与建筑图的尺寸标注

整的标注样式将在配套《AutoCAD 实训教程》中介绍。

1. 命名新样式

单击"样式"工具栏按钮◢启动"标注样式管理器"，点击"新建"按钮，弹出"新建样式"对话框，输入新样式名如 dim，如图 6-42 所示。

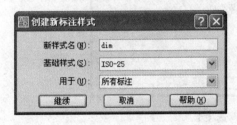

图 6-42 输入新样式名

所示。

2. 设置尺寸线与尺寸界线

接上操作，点击"继续"，弹出"新建标注样式：dim"对话框。在"直线"选项卡设置尺寸线与尺寸界线相关参数：尺寸线的基线间距修改为 7，尺寸界线超出尺寸线修改为 2，尺寸界线的起点偏移量修改为 2，勾选固定长度的尺寸界线，长度设为 15。其他保留 ISO—25 的默认设置，如图 6-43

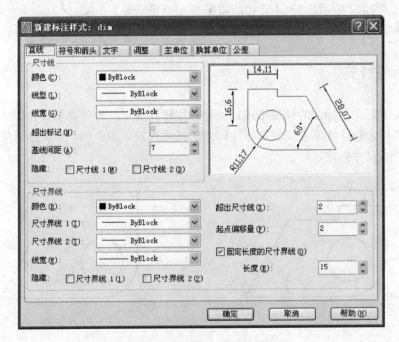

图 6-43 设置尺寸线与尺寸界线

3. 符号和箭头

接上操作，选择"符号和箭头"选项卡，作如下设置：修改箭头为"建筑标记"，大小置为 1.5，其他按默认设置，如图 6-44 所示。

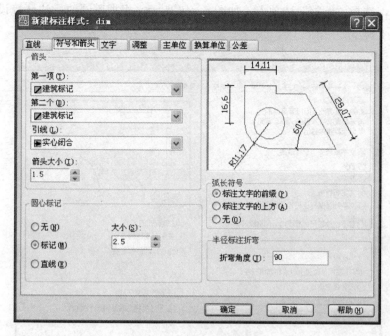

图 6-44 设置符号和箭头

4. 设置文字

接上操作，单击"文字"选项卡，选择预先设置的文字样式 gbeitc（如果没有设置，点击按钮▫可以启动"文字样式"对话框进行设置，选择 gbeitc.shx 字体），设置文字高度 3.5，其他取默认值，如图 6-45 所示。

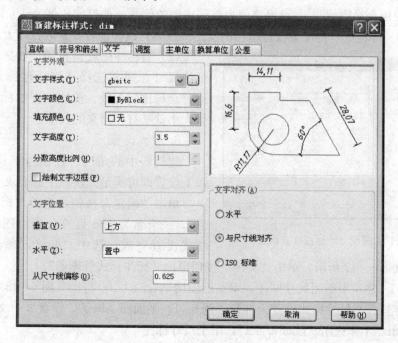

图 6-45 设置文字

5．标注特征比例

接上操作，选择"调整"选项卡，如图 6-46 所示。根据不同的标注环境设置标注特征比例，方法如下。

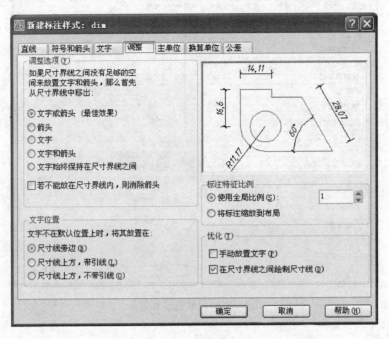

图 6-46 "调整"标注

（1）使用全局比例。在模型空间标注尺寸时，前述标注要素的特征大小会随打印比例变化，如 1∶1 打印时，文字高 3.5mm，当 1∶100 打印时，文字高度仅为 0.035mm 了。这时需要选择"使用全局比例"，并设置该值为打印比例的倒数，如打印比例为 1∶100，设置全局比例为 100。即将所有特征值按打印比例反比例放大，以保证各要素的打印大小适当。

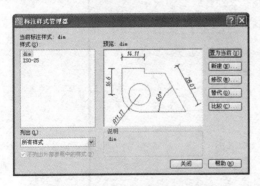

图 6-47 完成 dim 标注样式设置

（2）将标注缩放到布局。如果在图纸空间标注尺寸，则需选择"将标注缩放到布局"，这时全局比例无效，前述设置的标注要素的特征大小就是打印出来的大小。

6．完成设置

建筑图中的角度、直径与半径标注不多，以上设置即可满足线性标注的要求了。

单击"确定"按钮，返回"标注样式管理器"，一个名为 dim 且符合建筑图国标的标注样式设置完成，选中"dim"，单击"置为当前"按钮，如图 6-47 所示。单击"关闭"按钮退出"标注样式管理器"。

【例 6-1】 建筑平面图尺寸标注，本平面图用 A4、1∶100 打印（图 6-48）。

（1）文字样式与尺寸样式设置。打开"例 6-1_平面图.dwg"，设置 3 个文字样式：dim_font：字体选用"gbeitc.shx"，用于尺寸标注

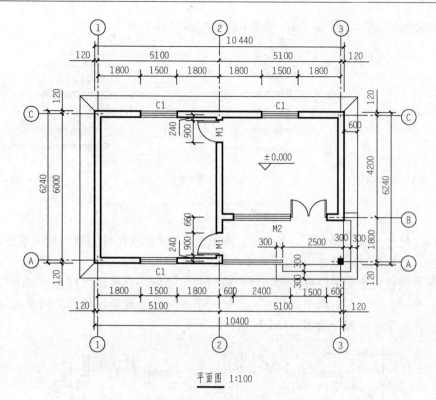

平面图 1:100

图 6-48 建筑平面图的尺寸标注

complex：字体选用"complex.shx"，用于门窗符号标注

simsun：字体选用"宋体"，用于图名标注

建筑图尺寸样式设置方法参照 6.3 节进行，本例设置全局比例 DIMSCALE = 100，各参数设置如图 6-49 和图 6-50 所示。

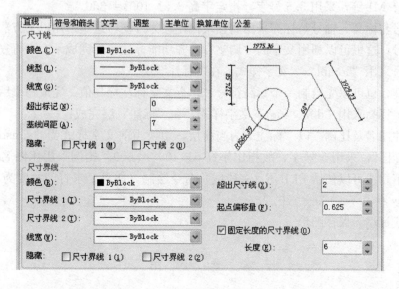

图 6-49 "直线"选项设置

"箭头"选项设置　　　　　　"文字"选项设置　　　　　　"调整"选项设置

图 6 - 50　　"箭头"、"文字"、"调整"设置

（2）标注尺寸。以"尺寸"为当前层，参照图 6 - 48 标注尺寸，适当使用基线标注与连续标注命令，使标注更加整齐均匀。

（3）适当调整尺寸文字位置。例如"台阶"的尺寸标注，可以先标注"2500"，再连续标注左侧一个"300"，右侧两个"300"。如果文字产生重叠现象，可以利用夹点编辑功能，适当移动标注文字的位置，如图 6 - 51 所示。

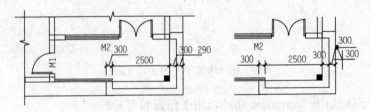

图 6 - 51　夹点编辑适当调整文字位置

（4）标注门窗符号。以"标注"为当前层，切换文字样式为"complex"，单行文字注写门窗符号 C1、M1 等，采用 3.5 号字，指定字高 3.5×100 = 350。

（5）轴号与标高。轴号与标高采用属性块标注较为方便，这里采用以下方法。

对于轴号，这里可以利用文字的"调整"对齐功能标注，先完成一个，再复制后编辑轴号文字。轴号采用"complex"文字样式，在"标注"层。

对于标高，也可以先绘制一个标高符号，单行文字标注标高值。完成一个后，再复制修改得到其他。标高采用"dim _ font"文字样式，在"标注"层完成。

（6）标注图名及比例。以"标注"为当前层，切换当前文字样式为"simsun"，单行文字标注"平面图"，采用 5 号字，故指定字高 5×100 = 500。比例采用比图名小一号的字高。图名的下划线可以使用 PLINE（多段线）命令绘制，如果要求打印宽度为 0.7mm，那么指定宽度 w = 0.7×100 = 70。

（7）完成标注，保存图形。

本　章　小　结

本章首先介绍了常用标注命令，主要有线性标注、直径与半径标注、角度标注。还详细介绍了控制标注要素外观的设置方法,供标注样式设置时查阅参考。标注样式是一组标注要素外观设置的集合,不同行业的工程图尺寸标注样式的设置可参考第 8 章。尺寸标注还与图纸打印密切相关,第 9 章还有详细讨论。最后介绍了标注的编辑与修改,同时指出创建关联性的尺寸标注,是标注随图形的修改自动更新的关键,标注的编辑与修改应尽量避免直接修改尺寸值。尺寸公差的标注为绘制机械图的读者参考,绘制土建类工程图的读者可以跳过该节。

本 章 思 考 题

1. 尺寸标注要素有哪些?如何控制它们的外观特征?

2. 要标注水平、垂直、倾斜直线的长度,应该用哪个命令?

3. "文字对齐"设置为"水平"是如何放置标注文字的?"与尺寸线对齐"、"ISO 标准"有何区别?

4. "基线间距"是什么含义?什么时候起有效?

5. "起点偏移量"是什么含义?

6. 如何正确设置标注文字的字体与大小?

7. 标注文字的位置有哪些控制选项?公制环境的默认设置是什么,默认设置符合我国制图标准吗?

8. "从尺寸线偏移"是什么含义?

9. "箭头大小"是什么含义?

10. 在模型空间标注尺寸如何设置"标注特征比例"?DIMSCALE 变量是什么含义?

11. "固定长度的尺寸界线"在建筑图尺寸标注中起什么作用?

12. 在建筑图的标注中,如何使线性标注的箭头采用"建筑标记"而角度、半径、直径的标注箭头采用"实心闭合"?

13. 关联标注与非关联标注有什么区别?默认设置即可创建关联性标注,无论如何标注的尺寸一定是关联的,这种说法对吗?试举例说明。

14. 分解(EXPLODE)标注与解除关联(DIMDISASSOCIATE)的作用一样吗?它们有什么相同点和不同点?

15. 发现一个尺寸不对时,只要将该尺寸数字修改为正确值即可,这种操作合适吗?

第7章 块

本章知识要点
- 块的创建：普通块、属性块、动态块。
- 块的使用：INSERT、工具选项板、设计中心。
- 块的在位编辑。

7.1 块的创建与插入

在设计绘图过程中，往往要重复使用某些图形对象，例如建筑图中的门窗、家具和洁具，机械图中的螺栓、螺母，电气图中的电气元件等。AutoCAD 可以将经常使用的图形对象定义为一个整体，组成一个对象，这就是块。在需要的时候插入这些块，使设计者大大提高了工作效率。

7.1.1 创建块

先绘制好需要的图形，再定义块。调用"创建块"命令的方法如下：
- 功能区："常用"选项卡→"块"面板"创建"按钮 ▢。
- 工具栏："绘图"工具栏"创建块"按钮 ▢。
- 命令行：BLOCK（B）。

1. 在图形文件中创建块

打开"blkdef.dwg"文件，如图 7 - 1 所示。图形中已经绘制好一盆绿叶植物，现将其定义为块，操作如下：

命令：_block	；点击 ▢ 输入命令，弹出"块定义"对话框，如图 7 - 2 所示
	；在名称输入框输入名称"植物"
选择对象：指定对角点：找到 101 个	；单击"选择对象"按钮，框选植物所有图线
选择对象：	；回车结束选择，返回对话框
指定插入基点：	；单击"拾取点"按钮，拾取花盆中心作为基点

单击"确定"，名为"植物"的块创建完毕，保存文件为"图 7 - 1.dwg"。

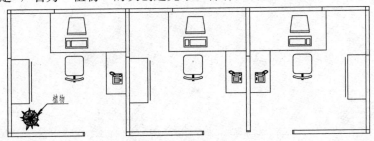

图 7 - 1 工作区平面图

　　下面说明"块定义"对话框中各选项的意义。

　　"名称"输入及列表框，在这里为要定义的图块输入一个名称，如果已定义过块，单击下拉按钮可展开已定义块的列表。

　　"基点"通过"拾取点"来获取其坐标，默认坐标为"原点"。基点是插入该块时的定位参考点，因此要考虑以后的定位方便和准确来指定基点，一般可以使用捕捉拾取一个块图形中的特征点。

　　"对象"选项区"选择对象"用于选择块所要包含的对象，这些对象被定义成块之后，有三种处理方式：保留、转换为块和删除。默认情况为"转换为块"，即将块的原对象直接转换为块；"保留"表示在定义块以后，原对象没有变化，保留原处；"删除"则在定义块以后删除原对象。

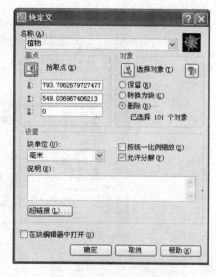

图 7-2　定义"植物"块

　　"设置"选项区通常按默认设置，即块单位为"毫米"，并勾选"允许分解"。块单位确定了在通过设计中心或工具选项板将块拖放到图形时块的缩放比例，允许分解是指块插入图形后能否进行分解操作，如果此处不勾选，块插入之后是不能被分解的。

　　2. 创建块图形库文件

　　为了使用方便，可以把需要的图块分类保存于单独的图形文件中。创建块图形库文件的一般过程如下：

　　（1）绘制图形。通常在 0 层按默认特性绘制，将一类相关的块图形绘制在同一文件中。对于符号类图块，按其在物理图纸上的打印大小来绘制。例如绘制轴号图块时，以 $\phi8$ 画圆；对于实物类对象，如家具、洁具，应按其实际尺寸 1∶1 绘制。

　　（2）创建块。分别使用 BLOCK 命令定义一个个独立的块。

　　（3）保存文件。

　　AutoCAD 系统提供了这样的文件，位于" \ AutoCAD 2006 \ Sample \ DesignCenter \ "文件夹，以下列出两个块图形库文件，如图 7-3 和图 7-4 所示。根据需要，用户可以创建自己的块图形库文件。图 7-5 是自定义的工程图符号块图形库，对应的光盘文件是"图 7-5. dwg"。

7.1.2　插入块

　　上一节定义好的块如何使用呢？下面介绍 3 种方法。

　　1. 使用"插入块"命令

　　调用插入块命令的方法如下：

　　● 功能区："常用"选项卡→"块"面板"插入"按钮。

　　● 工具栏："绘图"工具栏"插入"按钮。

　　● 命令行：INSERT（I）。

　　打开上节保存的"图 7-1. dwg"文件，参照图 7-6 完成插入块的操作。

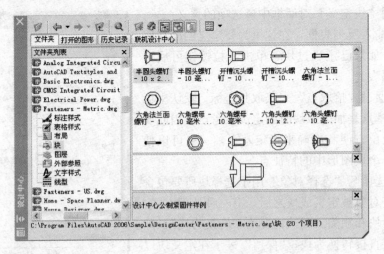

图 7 - 3　Fasteners-Metric. dwg

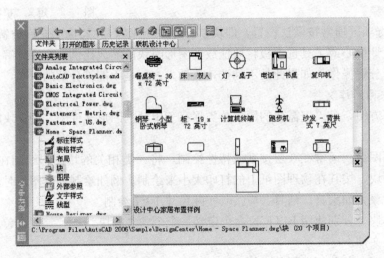

图 7 - 4　Home-Space Planner. dwg

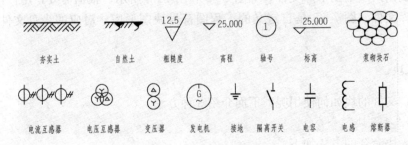

图 7 - 5　自定义工程图符号库

切换"其他"层为当前层，启动插入命令，插入"植物"块的操作如下：

命令：_insert　　　　　　　　　　　　　　　;单击 按钮，弹出"插入"对话框，如图 7-7 所示
　　　　　　　　　　　　　　　　　　　　　;展开图块名称下拉列表从中选择"植物"
　　　　　　　　　　　　　　　　　　　　　;其他按默认设置，单击"确定"

指定插入点或 [基点(B)/比例(S)/X/Y/Z/旋转(R)/预览比例(PS)/PX/PY/PZ/预览旋转(PR)]:
　　　　　　　　　　　　　　　　　　　　　　　;移动鼠标在适当位置点击

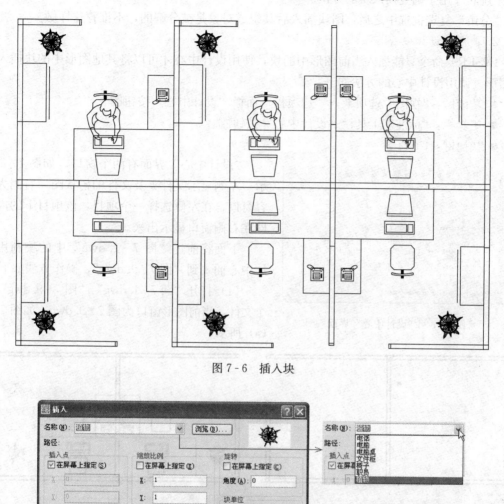

图 7 - 6　插入块

图 7 - 7　"插入"块对话框

　　"插入"对话框中各选项的意义如下。

　　"名称"下拉列表中是当前图形中已定义的块,从中选择想要插入的块。AutoCAD 允许直接将图形文件作为块插入到当前图形中,单击"浏览"按钮,通过"选择文件"对话框找到已保存的图形文件。

　　"插入点"指块的定位点,创建块时的"基点"将与这里指定的"插入点"重合。默认方式为勾选"在屏幕上指定",即插入时由光标来拾取插入点。

　　"缩放比例"指定块的缩放比例,可以统一指定或分别指定长宽高各方向的比例。对于实物对象的块,由于创建时按真实尺寸 1∶1 绘制,因此插入缩放比例应选择 1(默认值);

对于符号类图块，按物理图纸打印大小尺寸绘制时，缩放比例为打印比例的倒数。

"旋转"用于确定插入块的方位。

"分解"复选框选中之后，图块插入后其组成对象是被分解的，不推荐这样做。

2. 使用"设计中心"

INSERT 命令只能插入当前图形中的块，使用设计中心才可以将其他图形中的块插入当前图形。调用设计中心的方法如下：

● 功能区："视图"选项卡→"选项板"面板"设计中心"按钮圖。

● 工具栏："标准"工具栏"设计中心"按钮圖。

● 快捷键：Ctrl+2。

图 7-8　"设计中心"界面

"设计中心"界面有两个窗口，如图 7-8 所示。左侧显示文件夹及文件的树状图，右侧为内容窗口，在左侧选择一个项目，该项目下的内容即在右侧窗口显示出来。

下面将前述"图 7-1. dwg"中的块利用设计中心插入到"图 7-9. dwg"，操作方法如下。

（1）打开"图 7-1. dwg"、"图 7-9. dwg"两个文件，当前图形窗口为图 7-9. dwg，如图 7-9 (a) 所示。

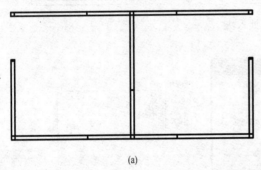

(a)

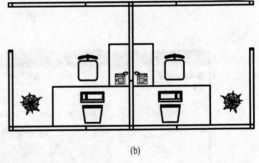

(b)

图 7-9　用"设计中心"插入块

(a) 插入前；(b) 插入后

（2）按 Ctrl+2 打开"设计中心"，单击"打开的图形"选项卡，展开"图 7-1. dwg"的项目树状图，选择"块"，这时在内容窗口显示出图形中的所有块的块名称及预览图形，如图 7-10 所示。

（3）如图 7-11 所示，用鼠标拾取"电脑桌"图块，并按住左键拖动块至图形中后放开左键，"电脑桌"即插入图形中。

（4）重复拖放操作，直至插入所需的全部图块。如果拖入的块图形的位置和方向与要求不符，可以利用夹点操作适当移动或旋转块图形。

利用设计中心插入块，这种可视化的拖

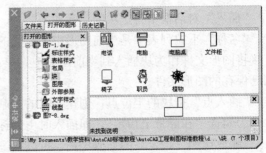

图 7-10　从"设计中心"浏览图形中的块

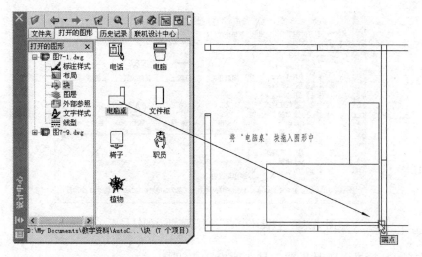

图 7-11　从"设计中心"拖入块至图形中

放使得操作更加直观和便捷。如果需要指定块的插入比例，可以右击要插入的块，在快捷菜单中选择"插入块"命令，会显示"插入"对话框，就可以和使用"插入"命令时同样的操作了。另外，设计中心也可以浏览到没有打开的文件，从中调用所需要的块插入当前图形中，下面看一个例子。

如图 7-12 所示，右图是插入材料符号后的结果，这些符号块在图 7-5 对应的文件中，插入操作方法如下。

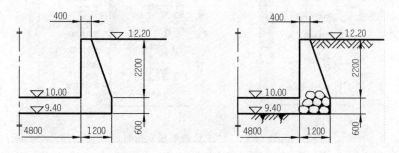

图 7-12　"设计中心"插入自定义块

（1）打开"图 7-12.dwg"文件。

（2）按 Ctrl＋2 打开"设计中心"，单击"文件夹"选项卡，浏览到上述"图 7-5.dwg"文件，选择"块"，"设计中心"右侧内容窗口出现该文件中定义的工程图符号块，如图 7-13 所示。

（3）分别右击"夯实土"、"自然土"、"浆砌块石"符号，选择"插入块"，选择"统一比例"后输入 100，在图形中适当位置拾取插入点。

"浆砌块石"符号难以做到在任何断面轮廓内插入都合适，因此，插入后要作适当编辑。

3. 使用工具选项板

工具选项板提供了块插入的另一种途径，调用工具选项板的方法如下：

● 功能区："视图"选项卡→"选项板"面板→"工具选项板"按钮 。

图 7-13　"设计中心"浏览硬盘上的符号库文件

● 工具栏："标准"工具栏"工具选项板"按钮 。
● 快捷键：Ctrl＋3。
按快捷键 Ctrl＋3，弹出"工具选项板"窗口，如图 7-14 所示。

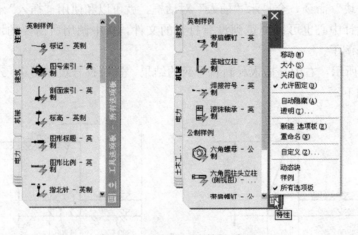

图 7-14　"工具选项板"窗口

工具选项板将常用的块、图案填充等集合在一起并分类放置在各选项板上，免去了用户寻找符号库文件和填充图案的麻烦，极大地方便了块插入和图案填充的操作。AutoCAD 默认的工具选项板已经定义好了多个按专业分类的选项板，我们也可以根据需要新建自己的选项板，如图 7-15 所示。下面将"图 7-5. dwg"所示工程图符号用工具选项板组织起来，操作方法如下：

（1）单击"工具选项板"窗口右下角"特性"，在快捷菜单选择"新建选项板"，输入选项板名称，如"工程图符号"。

（2）按 Ctrl＋2 打开设计中心，浏览到·"图 7-5. dwg"图形文件，在树状图窗口展开文件对应的各项目，选择"块"，右侧内容窗口显示出各种工程图符号块。

（3）拾取一个符号块，用鼠标将其拖入新建的选项板上释放鼠标，即在选项板上添加了一个图块，将需要的符号块一个个拖入选项板，一个名为"工程图符号"的选项板添加完成。

创建工具选项板还有一种简单操作方法，就是从"设计中心"浏览到预先创建好的块库

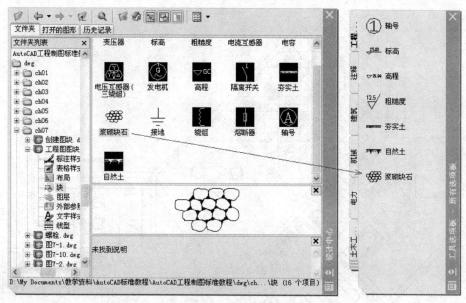

图 7-15　新建工具选项板

文件，例如"家具洁具配景图块.dwg"文件，在"设计中心"左侧窗口中选择该文件，右击鼠标，选择快捷菜单中"创建工具选项板"，稍等，一个与块库文件同名的工具选项板创建好了，如图 7-16 所示。

提示：工具选项板上的图块与相应的 dwg 文件相关联，不能移动、改名、删除这个文件，否则该工具选项板无效。

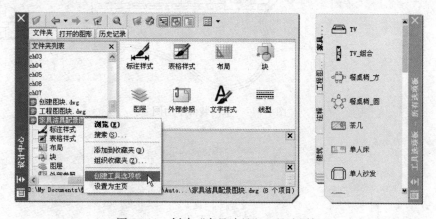

图 7-16　创建"家具洁具"工具选项板

【例 7-1】　利用新建的"家具洁具"工具选项板完成图 7-17 所示的室内布置。

操作要点说明如下：

（1）打开"图 7-17.dwg"。

（2）以"家具"层为当前层，缩放显示到"客厅"，按 Ctrl+3 打开"工具选项板"窗口，将"地毯_沙发"从工具选项板拖入客厅（图 7-18），在适当位置点击确定插入点。同样方法将"TV_组合"拖入客厅。

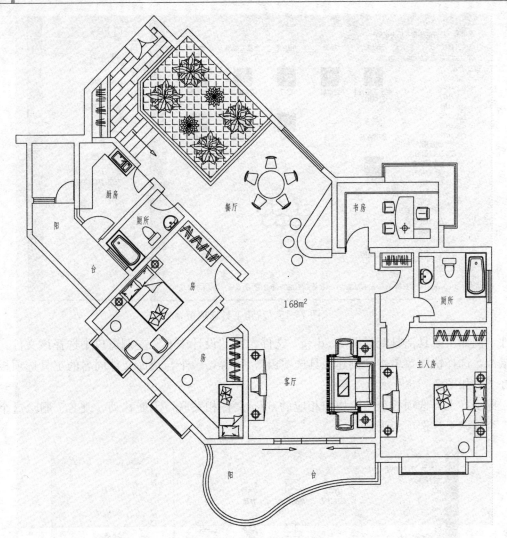

图 7 - 17   室内装饰平面图

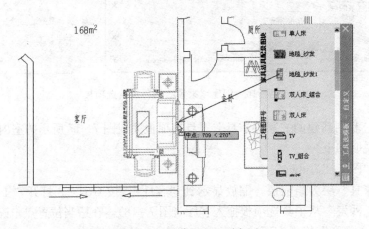

图 7 - 18   插入沙发组到客厅

（3）逐一布置各个房间。

有时候不可能直接插入到正确的位置，因此将块从工具选项板拖入图形之后，还要适当的进行移动旋转等编辑（常用夹点编辑、ALIGN 对齐）操作才能完成。

7.1.3　块中对象的颜色和线型控制

块插入到图形中，块中对象的颜色和线型特性可以是固定的，即无论插入哪个图层，无论当前特性设置如何，块中对象的特性都保持原设置不变；也可以是可变的，即块中对象的特性随当前设置而定。块中对象的颜色和线型特性是固定的还是可变的，取决于创建块对象时的设置。

（1）固定特性创建对象。在创建块组成对象时，为对象指定固定的颜色、线型和线宽特性，不使用 BYBLOCK（随块）或 BYLAYER（随层）设置。这样的对象组成的块具有固定特性，插入图形后保持原特性不变。

（2）"随层"特性创建块对象。将块定义中的对象在 0 层绘制，并将对象的颜色、线型和线宽设置为 BYLAYER。这样的对象组成的块具有可变特性。插入图形后，块中对象都位于当前层，且继承当前层的特性。

（3）"随块"特性创建块对象。在创建块组成对象时，将当前颜色或线型设置为 BY-BLOCK，这时创建的块也具有可变特性，与 BYLAYER 不同的是，插入块之后先继承当前特性设置，然后继承图层特性。

一种简单而常用的创建块方式是，在 0 层绘制各对象，并设置其特性为"随层"，这样创建的块，插入图形后将具有当前层的颜色和线型。如果要求插入后能够指定为当前层颜色以外的其他颜色，创建对象时选择颜色"随块"。

7.1.4　块的编辑

无论组成块的对象有多少个，块插入图形后就是一个整体，是一个对象。可以对块进行整体复制、旋转、删除等编辑操作，但是不能直接修改块的组成对象。

1. 块的分解

块分解命令的功能是将块由一个整体分离成为各个独立的组成对象，非特别需要一般不要分解块。分解块的主要目的是为了修改块的组成对象，修改之后可以再重新创建块。

调用分解命令的方法如下：

● 功能区："常用"选项卡→"修改"面板"分解"按钮。
● 工具栏："修改"工具栏"分解"按钮。
● 命令：EXPLODE（X）。

分解命令操作十分简单，输入命令，选择需要分解的块回车，即完成分解。

```
命令：_explode
选择对象：                              ;选择块,可以框选
选择对象：                              ;回车结束
```

块被分解后成为分离的各组成对象，这时可以单独修改各对象了。

如果块含有嵌套（即块包含块，一个块是另一个块的组成对象），需逐级分解。如果创建块时去掉"允许分解"的选择，这样的块插入后不能被分解。具有属性的块分解后属性值

以属性标记显示。

块分解后，块的组成对象"回"到创建时所在的图层。

2. 块的重新定义

要注意的是，分解并修改块只是修改了显示的图形，并没有修改该块的定义，如果再次插入这个块，它依旧是原来的样子。要想修改块定义，应该在分解并修改块图形后，以原块名重新定义块。

3. 块的在位编辑

块的在位编辑可以直接对块的组成对象进行编辑并重新定义块，所谓在位编辑就是在块图形所在位置进行编辑。在位编辑比以上"分解再重定义"的方法更加方便。

调用块在位编辑的方法如下：

● 功能区："插入"选项卡→"参照"面板"参照编辑"按钮 。
● 菜单栏："工具"→"外部参照和块在位编辑"→"在位编辑参照"。
● 命令行：REFEDIT。

示例：按图 7 - 19 所示要求编辑图 7 - 17 中双人床图块。

先打开"图 7 - 17 _ final. dwg"文件，操作要点如下：

```
命令：refedit                           ;输入命令
选择参照：                               ;选择双人床块
                                        ;弹出"参照编辑"对话框,如图 7-20 所示
                                        ;单击"确定"
```

用 REFCLOSE 或"参照编辑"工具栏来结束参照编辑任务。

```
命令：                                   ;此时,除双人床外,其余对象变暗(褪色显示)
……                                     ;根据需要进行编辑修改
                                        ;这里利用 LINE、OFFSET、TRIM 完成编辑
```

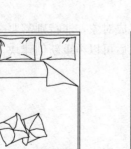
修改前　　　　　　修改后

图 7 - 19　在位编辑更新图块

图 7 - 20　"参照编辑"对话框

完成编辑修改后，单击"保存参照编辑"按钮（或输入 REFCLOSE 命令），如图 7 - 21 所示，屏幕按如下显示：

```
命令：_refclose
输入选项 [保存参照修改(S)/放弃参照修改(D)] <保存参照修改>：_sav
```

正在重生成模型。

6 个对象已添加到 双人床

2 个块实例已更新

双人床 已重定义。

4. 删除块定义

如果删除了图面上块的图形，但是块的定义依然存在于图形的块定义表中。就是说 E-RASE 只删除块图形，不删除块定义。要删除未使用的块定义，使用清理（PURGE）命令，PURGE 命令不仅可以清除未使用的块定义，也可以清除未使用的图层、文字样式、尺寸样式等。

调用清理命令的方法如下：

● 菜单栏："文件" → "图形实用工具" → "清理"。

● 命令行：PURGE （PU）。

执行命令后显示"清理"对话框，如图 7 - 22 所示，可以选择一个项目再单击"清理"来一个个项目进行清理，也可以直接单击"全部清理"来清理图形中所有不再使用的命名样式、图层、线型等。图 7 - 22 显示有 5 个标注样式可以清理，还有图层和文字样式。

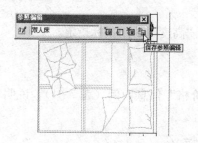

图 7 - 21　修改完成，单击"保存参照编辑"

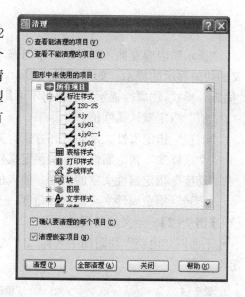

图 7 - 22　"清理"对话框

7.2　块的属性

上一节定义的块只包含固定的图形对象。有时需要向图块附加文字信息，比如产品的名称、重量、规格、价格等，此外有些符号块含有变化的文字信息，建筑图中的标高和轴号、机械图的粗糙度等。本节的内容就是定义这些非图形信息即定义属性。

7.2.1　属性定义

调用属性定义命令的方法如下：

● 功能区："常用"选项卡→ "块"面板 "定义属性"按钮 。

● 菜单栏："绘图" → "块" → "定义属性"。

● 命令：ATTDEF （ATT）。

执行 ATTDEF 命令，系统弹出"属性定义"对话框，如图 7 - 23 所示。

图7-23　"属性定义"对话框

"属性定义"对话框各选项的含义如下。

"不可见"表示图块插入图形后不显示属性。

"固定"表示此属性已预先设定，并且不能更改。

"验证"选定之后，插入块时提示验证属性值是否正确。

"预置"表示插入时置以默认值，不需要输入其他值。

"标记"给属性一个代号，标识图形中每次出现的属性。使用任何字符组合（空格除外）输入属性标记。小写字母会自动转换为大写字母。

"提示"内容在插入时显示（不勾选"预置"时）在命令行。指定在插入包含该属性定义的块时显示的提示。如果不输入提示，属性标记将用作提示。如果在"模式"区域选择"固定"模式，"属性提示"选项将不可用。

"值"指定默认属性值。

"对正"指定属性文字的对齐方式，其含义同 TEXT 命令的"对正"选项含义。

"文字样式"指定属性文字的预定义样式。

"高度"指定属性文字的高度，输入值或选择"高度"后用鼠标指定。

"旋转"指定属性文字的旋转角度。

【例7-2】　定义块的属性。

下面以"电脑"块附加"名称"、"规格"、"价格"信息为例（表7-1），说明块的属性定义方法。

表7-1　　　　　　　　　　　　　　　"电脑"块属性定义

标记	提示	值
名称	输入设备名称	Computer
规格	设备规格或型号	＊＊＊
价格	输入价格	7500

参照表7-1，按如下步骤操作：

（1）绘制图形。画出显示器与鼠标的轮廓图形，机箱考虑在桌子下面就不画了，如图7-24（a）所示。

（2）执行命令，弹出"属性定义"对话框，如图7-24（b）所示，在"模式"选项区勾选"不可见"和"预置"。

在"属性"区按图输入"标记"为"名称"、"提示"框输入"输入设备名称"、"值"的输入框输入"Computer"。这三个输入框只有"标记"不可少，其他两项可以不输入任何值。

在"文字选项"区"高度"输入框输入50，其余取默认值。

(a)　　　　　　　　(b)

图 7-24　属性定义

（3）单击"确定"按钮，对话框消失，移动光标在图块适当位置点击，确定属性"标记"文字的标注位置。至此，"名称"属性定义完毕。

（4）重复第2~3步，定义"规格"、"价格"属性。这时可以勾选"在上一个属性定义下对齐"，以便各属性文字自动对齐。"价格"属性定义时不要勾选"预置"。

（5）创建属性块。执行 BLOCK 命令，输入块名"电脑"，选择块组成对象，注意包括属性，指定基点，单击"确定"。一个名为"电脑"且具有属性的块定义完毕。

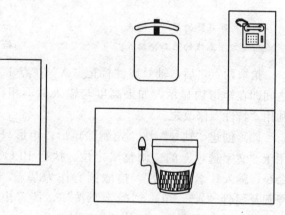

图 7-25　一组属性块

按以上方法，将图 7-25 所示的"电脑桌"、"文件柜"、"椅子"、"电话"分别定义为属性块。各属性定义参考表 7-2。

表 7-2　　　　　　　　　　　设备属性定义参考

块	标记	提示	值
电脑桌	名称	输入设备名称	电脑桌
	规格	设备规格或型号	1600×700
	价格	输入价格	800
文件柜	名称	输入设备名称	文件柜
	规格	设备规格或型号	900×380
	价格	输入价格	500
椅子	名称	输入设备名称	椅子
	规格	设备规格或型号	皮制单人椅
	价格	输入价格	200
电话	名称	输入设备名称	电话
	规格	设备规格或型号	普通电话机
	价格	输入价格	100

提示：插入具有多个属性的图块时，属性的提示顺序由创建块时选择的次序确定，如果是框选属性，提示顺序则与定义属性的次序相反。利用"属性管理器"可以修改次序。

【例 7 - 3】 定义轴号属性块。

在例 6 - 1 的平面图的标注中，提示轴号按"绘制圆圈加注编号"的方法完成，这种方法比较麻烦。下面利用属性块插入需要的轴号，将使得轴号的标注更加便捷。

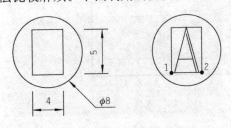

图 7 - 26 轴号符号的大小与轴号定位

先打开"图 6 - 71. dwg"文件，这是例 6 - 1 的完成结果。删除原轴号，按以下方法定义轴号块之后再插入。轴号属性块的定义与插入方法如下。

（1）绘制轴号符号图形，推荐在 0 层，按默认"随层"特性绘制，图形尺寸如图 7 - 26 所示。

（2）定义属性。执行 ATTDEF 命令，命令行提示如下：

命令：att ATTDEF   ;输入命令,弹出"定义属性"对话框如图 7 - 27 所示
                                    ;按图示输入或选择,单击"确定"后按如下操作
指定文字基线的第一个端点：   ;拾取点 1,参考图 7 - 26 右图
指定文字基线的第二个端点：   ;拾取点 2

拾取两点之后，轴号属性标记"A"在点 1、2 之间即在矩形内显示，如果高度与输入值不相符，利用"特性"修改之。

（3）创建"轴号"块。先删除矩形，矩形只是用于"文字选项"的"调整"定位。执行 BLOCK 命令，输入块名"轴号"，拾取圆心作为基点，选择圆及属性"A"，单击"确定"按钮，接着出现"编辑属性"对话框，点击"确定"按钮即可。

（4）插入轴号。与插入普通图块不同的是，操作中按提示输入属性值。

图 7 - 27 定义轴号属性

命令：i
INSERT
指定插入点或[基点(B)/比例(S)/旋转(R)/预览比例(PS)/预览旋转(PR)]：
输入属性值
输入轴号 <A>：1   ;输入需要的轴号

重复执行插入命令，完成所有轴号的标注。也可以插入一个复制到其他轴号位置，再双击修改属性值即轴号。

参照上面的例子，可以定义建筑图的标高、水工图的高程及机械图的粗糙度，其参考尺寸如图 7 - 28 所示。

7.2.2 修改块属性

1. 编辑属性定义

在定义完属性创建块之前，当发现"标记"、"提示"、"值"定义错误时，可以用 DDE-

DIT 修改或双击属性。执行命令弹出"编辑属性定义"对话框，如图 7-29 所示。

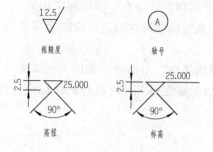

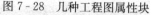

图 7-28 几种工程图属性块

图 7-29 编辑属性定义

DDEDIT 不能修改属性定义的"文字选项"，需要使用 EATTEDIT 命令修改。

DDEDIT 用于创建块之前的属性修改，或者分解块之后单独修改属性。如果执行 DDE-DIT 选择了块对象，则执行 EATTEDIT 命令，显示"增强属性编辑器"对话框。

2. 增强属性编辑器

对于已定义或插入的块，需要修改属性时使用 EATTEDIT 命令（增强属性编辑器），调用命令的方法如下：

● 单击菜单栏"修改"→"对象"→"属性"→"单个"。

● 单击"修改Ⅱ"工具栏图标按钮 。

● 命令：EATTEDIT。

● 双击具有属性的块。

启动命令，显示图 7-30 所示的"增强属性编辑器"对话框，各选项卡的功能如下。

"属性"选项卡显示指定给每个属性的标记、提示和值。但是只能更改属性值。

"文字选项"选项卡设置或更改属性文字在图形中的显示特性，包括文字样式、对正、高度、旋转等。

"特性"选项卡设置属性的图层、颜色等。

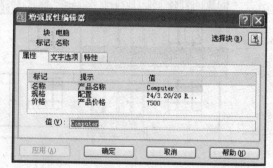

图 7-30 "增强属性编辑器"对话框

3. 块属性管理器

这是一个功能非常强的属性编辑工具，可以对整个图形中任意一个块中的属性标记、提示、值、模式、文字选项、特性等，还可以调整插入块时属性提示的顺序。

调用块属性管理器的方法如下：

● 单击菜单栏"修改"→"对象"→"属性"→"属性管理器"。

● 单击"修改Ⅱ"工具栏图标按钮 。

● 命令：BATTMAN。

启动命令，显示图 7-31 所示的"块属性管理器"对话框，主要功能如下。

（1）更改属性值的提示顺序。定义块时，选择属性的顺序决定了在插入块时提示属性信息的顺序。这里可以选择某个属性，单击"上移"或"下移"按钮更改提示顺序。

（2）删除块属性。可以从块定义和当前图形中现有的块参照中删除属性，但必须至少保留一个属性。当使用 REGEN 重新生成该图形时，被删除的属性才会在绘图区域中消失。

（3）更新块参照。"同步"按钮用于更新具有当前定义的属性特性的选定块的全部实例。此操作不会影响每个块中赋给属性的值。

（4）编辑块参照中的属性。单击"编辑"，显示"编辑属性"对话框，如图 7-32 所示。它与图 7-30 所示"增强属性编辑器"对话框类似，但功能要强得多，可以对属性标记、提示值、模式、文字选项、特性进行调整修改。

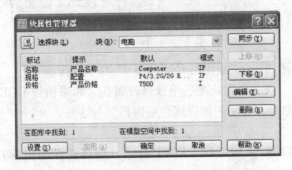

图 7-31 "块属性管理器"对话框

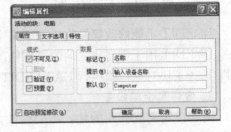

图 7-32 "编辑属性"对话框

【例 7-4】 块属性修改。请参照图 7-33 建筑立面图所示的标注，修改"立面图 .dwg"图形中各标高的标注。

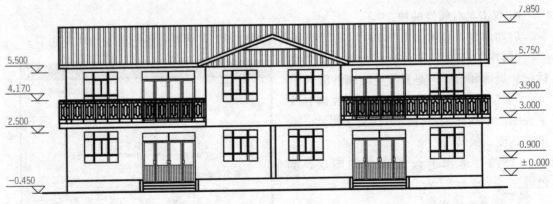

图 7-33 立面图

要求：标高文字采用 gbeitc 样式，字高 350，宽度比例为 1，倾斜角度为 0。

操作要点及说明如下。

（1）打开"立面图 .dwg"文件。图形中已有设置：文字样式"gbeitc"，标高符号块"标高-左"和"标高-右"，各标高由具有属性的标高符号块插入而得，属性值即标高。

图中的错误：漏掉 2 个标高（左边二楼窗口顶部的标高及右边檐口的标高），已标注的 8 个标高中有的属性值错误，有的属性文字显示特性不符合要求。

（2）修改属性。主要有两个命令：DDEDIT 和 EATTEDIT，比较方便的操作是双击一个标高，在弹出的"增强属性编辑器"对话框进行修改。

1）双击"0.000"，在标高值前加正负号"±"（%%p），如图 7-34 所示。单击"应用"按钮更新属性但不关闭对话框。

2）单击"选择块"按钮，选择"1.900"标高，返回"增强属性编辑器"对话框，修改值"1.900"为"0.900"，单击"应用"按钮。

3）单击"选择块"按钮，选择楼层标高"3.000"，将文字样式"Standard"修改为"gbeitc"，如图7-35所示，单击"应用"按钮。

4）单击"选择块"按钮，选择屋顶标高"7.850"，在"文字选项"选项卡修改字高度为350，倾斜角度为0，如图7-36所示，单击"应用"按钮。

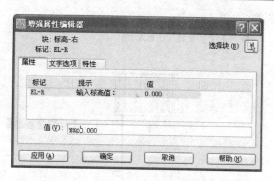

图 7-34 为"0.000"标高添加正负号

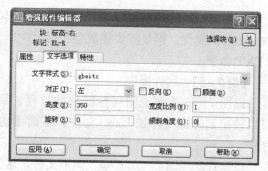

图 7-35 修改楼层标高"3.000"文字选项　　图 7-36 修改屋顶标高"7.850"文字选项

逐一完成各标高的修改。

（3）标注标高。檐口标高标注的命令行序列如下。

命令：i INSERT　　　　　　　　　　　;输入插入命令，弹出"插入"对话框
　　　　　　　　　　　　　　　　　　;选择"标高-右"符号块，如图7-37所示
指定插入点或[基点(B)/比例(S)/旋转(R)/预览比例(PS)/预览旋转(PR)]:
　　　　　　　　　　　　　　　　　　;对象追踪对齐到插入点，如图7-38(a)所示
输入属性值
输入标高值：：5.750　　　　　　　　　;输入檐口标高"5.750"

继续，完成左侧窗口标高的标注，如图7-38（b）所示。

7.2.3 属性提取

具有属性的块插入图形后，可以将块的属性提取出来作为统计的数据。调用属性提取命令的方法如下：

● 单击菜单栏"工具"→"属性提取"。

● 单击"修改Ⅱ"工具栏图标按

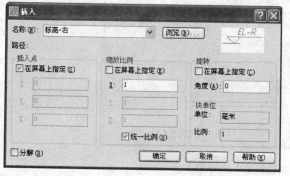

图 7-37 插入"标高-右"符号块

钮 ⬚ 。

● 命令：EATTEXT。

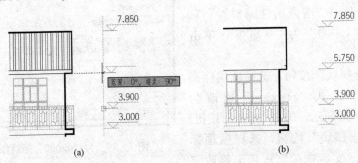

图 7-38 插入檐口标高

双击某个块时，如果该块具有属性即弹出"增强属性编辑器"对话框，从对话框可以提取出该块的属性。但是需要提取整个图形中所有块的属性并自动生成表格时，应使用 EAT-TEXT 命令。

【例 7-5】 属性提取。

以图 7-25 为例说明属性提取的过程。属性提取结果可以输出到 AutoCAD 表格，也可以输出到外部文件如 Excel 文件。下面考虑提取到 AutoCAD 表，因此先为之设置表格样式。

（1）打开"图 7-25.dwg"图形文件，这里先设置一个名为"清单"的表格样式，设表格页眉和数据文字高 35，标题文字高 50，其余取默认值。表格行高与列宽待完成后利用"特性"选项板修改。

（2）执行"属性提取"命令。该命令的操作是一个向导过程，图 7-39 是向导第一步，选择"从头创建表或外部文件"，点击"下一步"按钮。

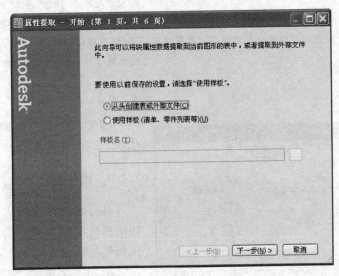

图 7-39 "属性提取"向导第 1 步

（3）选择"当前图形"，点击"下一步"按钮。

（4）选择属性。可以选择需要提取属性的块及每个块的属性，勾选"排除无属性的块"和"排除常规块特性"，点击"下一步"按钮（图 7-40）。

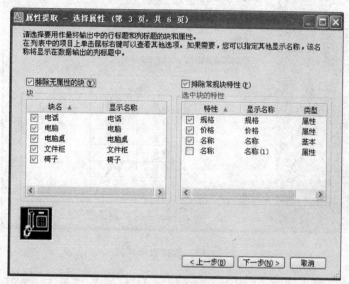

图 7-40　选择属性

（5）结束输出。选择"AutoCAD 表"，并重新调整列的次序，方法是用鼠标按住列标题左右拖动，比如把"名称"列拖到第 1 列，如图 7-41 所示。

设置好之后点击"下一步"按钮。

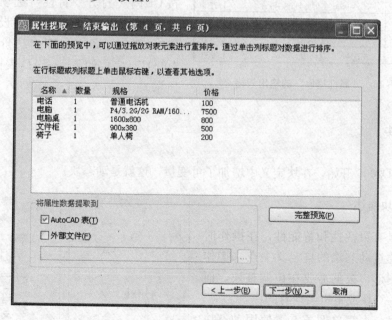

图 7-41　结束输出

（6）第五步，选择表格样式。输入表格的标题"设备外购清单"，选择自定义的表格样式"清单"，勾选"数据需要刷新时显示状态托盘通知"，点击"下一步"按钮（图 7-42）。

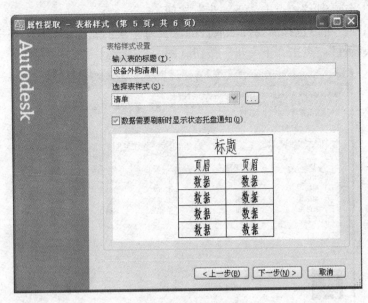

图 7-42　选择表格样式

（7）完成操作。点击"完成"按钮，在"指定插入点："提示下，在适当位置拾取表格插入点。

（8）修改表格行高与列宽。分别选择"名称"、"数量"、"规格"、"价格"各列，按 Ctrl＋1 打开"特性"选项板，设置列宽为 200、150、800、150；设置标题行高 100，其余行高 80。双击"价格"修改为"单价"，完成的 AutoCAD 表格如图 7-43 所示。

设备清单			
名称	数量	规格	单价
电话	1	普通电话机	100
电脑	1	P43.2G RAM/160G HD	7500
电脑桌	1	1600×800	800
文件柜	1	900×380	500
椅子	1	单人椅	200

图 7-43　"属性提取"的输出表格

7.3　动态块

AutoCAD2006 开始，在块定义中增加了可变量，这就是动态块。

7.3.1　动态块概述

动态块具有灵活性和智能性，在操作时可以轻松地通过动态块的自定义夹点来操作块中的几何图形，根据需要在位调整块，而不用插入另一个块或重定义现有的块。

下面通过一个简单例子看看使用动态块与普通块相比的优越所在。

打开"图 7-44. dwg"，Ctrl＋3 打开"工具"选项板，选择动态块"门-公制"，将

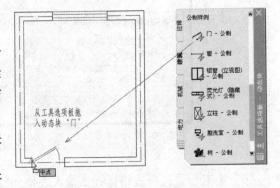

图 7-44　插入动态块

其拖入图 7 - 44 所示的位置。

可以看出，门的大小不满足要求，但是可以很方便地调整它的尺寸。选择门以激活动态块夹点，拾取"线性"夹点，如果开启了"动态输入"，左右移动光标会看到门的尺寸在 600、700、750、800、900、1000 之间变化。改变门至需要的大小单击鼠标，再按 Esc 键取消夹点，门的大小调整完毕。操作过程如图 7 - 45 所示。

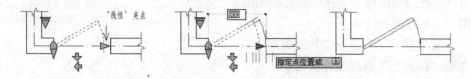

图 7 - 45　按需要在位调整动态块

一个动态块有一个或多个自定义夹点，在图形中就是通过这些夹点对块进行操作的。例如单击并移动"线性"夹点（►）可以拉伸块以改变块的尺寸，单击"翻转"夹点（➡）可以使块作镜像翻转，等等。表 7 - 3 列出了动态块中使用的夹点的类型、外观以及与它们相关联的参数。

表 7 - 3　　　　　　　　　　　　　　　动 态 块 夹 点 类 型

夹点类型	夹点外观	夹点在图形中的操作方式	关联操作
标准	■	平面内的任意方向	基点、点、极轴和 XY
线性	►	按规定方向沿某一轴线移动	线性
旋转	●	围绕某一轴旋转	旋转
翻转	➡	单击以翻转动态块参照	翻转
对齐	▶	平面内的任意方向：如果在某个对象上移动，则使块参照与该对象对齐	对齐
查询或可见性	▼	单击以显示项目列表	可见性、查询

如果想改变门的打开角度，单击"可见性"夹点弹出列表，从中选择需要的角度比如"打开 90 度"，如图 7 - 46 所示。

有时候可能需要改变铰链的位置。如图 7 - 47 所示，（a）图是插入的结果，但是门的铰链应该在右侧，这时只要单击"翻转"夹点就可以方便地改变门的铰链的方向，如（b）图所示。

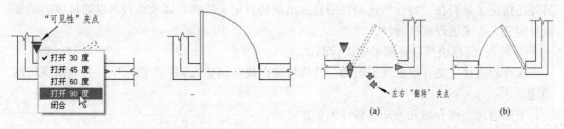

图 7 - 46　按不同角度打开　　　　　　　　　　　图 7 - 47　镜像翻转改变打开方向

从以上操作可以看出，一个动态块可以取代多个几何形状类似的普通块。

7.3.2 创建动态块

可以使用"块编辑器"创建动态块。块编辑器是一个专门的编写区域，用于添加能够使块成为动态块的元素。可以从头创建块，也可以向现有的块定义中添加动态行为。在块编辑器内也可以像在绘图区域中一样创建几何图形。

调用块编辑器的方法如下：

● 单击菜单栏"工具" → "块编辑器"。

● 单击"标准"工具栏图标按钮 。

● 命令：BEDIT（BE）。

创建动态块的步骤如下：

步骤 1：在创建动态块之前规划动态块的内容。

在创建动态块之前，应当了解其外观以及在图形中的使用方式。确定当操作动态块时，块中的哪些对象会更改或移动。另外，还要确定这些对象将如何更改。这些因素决定了添加到块定义中的参数和动作的类型，以及如何使参数、动作和几何图形共同作用。

步骤 2：绘制几何图形。

可以在绘图区域或块编辑器中绘制动态块中的几何图形。也可以使用图形中的现有几何图形或现有的块定义。

步骤 3：了解块元素如何共同作用。

在向块定义中添加参数和动作之前，应了解它们相互之间以及它们与块中的几何图形的相关性。在向块定义添加动作时，需要将动作与参数以及几何图形的选择集相关联。此操作将创建相关性。向动态块参照添加多个参数和动作时，需要设置正确的相关性，以便块参照在图形中正常工作。

步骤 4：添加参数。

按照命令行上的提示向动态块定义中添加适当的参数。要成为动态块的块至少必须包含一个参数以及一个与该参数关联的动作。

步骤 5：添加动作。

向动态块定义中添加适当的动作。按照命令行上的提示进行操作，确保将动作与正确的参数和几何图形相关联。

步骤 6：定义动态块参照的操作方式。

可以指定在图形中操作动态块的方式。可以通过自定义夹点和自定义特性来操作动态块。在创建动态块定义时，用户将定义显示哪些夹点以及如何通过这些夹点来编辑动态块。另外还指定了是否在"特性"选项板中显示出块的自定义特性，以及是否可以通过该选项板或自定义夹点来更改这些特性。

步骤 7：保存块然后在图形中进行测试。

保存动态块定义并退出块编辑器。然后将动态块参照插入到一个图形中，并测试该块的功能。

下面通过实例介绍几种动态特性的创建方法。

1. 线性特性的创建

线性特性的创建方法是先给块添加一个线性参数，再给这个参数指定需要的动作，如移动、拉伸、阵列等。打开"图7-48.dwg"文件，其中已经创建了一个名为"沙发"的普通块，这是一个单人沙发，在实际绘图中，可能需要双人沙发、三人沙发。下面为"沙发"块的添加动态特性，插入之后根据需要拉伸为双人或三人沙发，如图7-49所示。

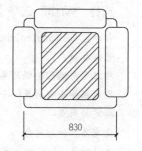

图7-48 单人沙发

（1）添加线性参数。启动"块编辑器"，出现"编辑块定义"对话框，如图7-50所示，选择"沙发"块，点击"确定"按钮进入块编辑环境。

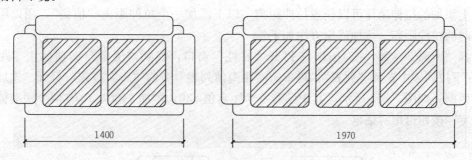

图7-49 创建"沙发"动态块

在"块编写选项板"的"参数"卡上点击"线性参数"，命令行提示如下：

命令：_BParameter 线性
指定起点或 [名称(N)/标签(L)/链(C)/说明(D)/基点(B)/选项板(P)/值集(V)]；拾取点1
指定端点：   ；拾取点2,参照图7-51操作
指定标签位置：   ；下拉到合适位置点击

就如标注尺寸一样，得到一个"距离"（沙发长度）标签，这就是添加的一个线性参数，如图7-51所示。该线性参数有两个"线性夹点"，计划通过右端夹点进行动态块的操作。

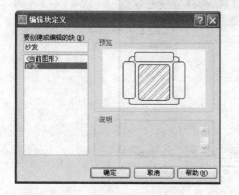

图7-50 创建"沙发"动态块

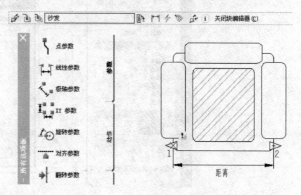

图7-51 添加线性参数

（2）添加拉伸动作。将沙发长度拉伸至1400、1970可分别得到双人沙发和三人沙发，添加拉伸动作操作如下。

选择"动作"选项卡，点击"拉伸动作"，命令行提示如下：

命令：_BActionTool 拉伸	;执行"拉伸动作"命令
选择参数：	;选择"距离"参数
指定要与动作关联的参数点或输入 [起点(T)/第二点(S)] <第二点>：	;拾取右端的线性夹点
指定拉伸框架的第一个角点或 [圈交(CP)]：	;拾取点 3
指定对角点：	;拾取点 4,参见图 7-52
指定要拉伸的对象	
选择对象：指定对角点：找到 6 个	;点击点 5、6
选择对象：	;回车
指定动作位置或 [乘数(M)/偏移(O)]：	;指定动作标签放置位置

以上添加的拉伸动作可以任意拉伸距离，以下添加一个拉伸距离"值集"，用以限制动态操作时的拉伸距离。添加值集方法如下：

选择"距离"参数，按 Ctrl＋1 打开"特性"窗口，找到"值集"选项区中"距离类型"，在下拉列表中选择"列表"，再单击"距离值列表"旁的"…"按钮，打开"添加距离值"对话框。如图 7-53 所示，其中已有一个距离值 830，添加 1400、1970 两个距离值，单击"确定"按钮退出对话框。

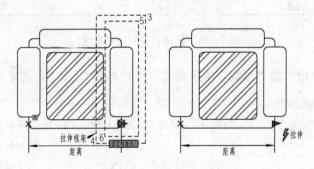

图 7-52 添加线性参数

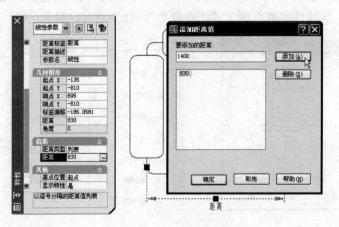

图 7-53 添加拉伸距离

（3）添加阵列动作。以上动作只能拉伸沙发长度至 1400、1970，沙发垫图案需要"阵列"动作完成，添加阵列动作操作如下。

选择"动作"选项卡上"阵列动作"，命令行提示如下：

命令：_BActionTool 阵列	;执行"阵列动作"命令
选择参数：	;选择"距离"参数
指定动作的选择集	
选择对象：指定对角点：找到 2 个	;选择垫子图案
选择对象：	
输入列间距（||||）:570	;输入图案的列间距
指定动作位置：	;指定动作标签放置位置

完成拉伸动作和阵列动作后，图形显示如图 7-54 所示。单击"保存块定义"按钮 🔚 保存块定义，单击"关闭块编辑器"退出块编辑环境。

（4）测试。选择沙发块，单击线性夹点并移动鼠标，会发现沙发动态修改为双人沙发或三人沙发，如图 7-55 所示。

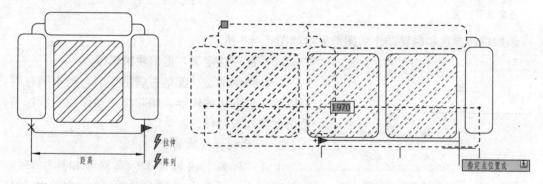

图 7-54　添加拉伸距离　　　　　　图 7-55　动态修改"沙发"块

2. 翻转特性的创建

在例 7-4 中，为了标注左、右两侧的标高，定义了"标高-左"和"标高-右"两个属性块。实际应用中，还要区分上、下标注的情况，因此需要定义四个块，如图 7-56 所示。但是，只要利用动态的"翻转"特性，定义一个块就可以了。

（1）启动"块编辑器"，输入块名"标高"后进入块编辑环境。

（2）绘制标高符号图形并定义属性，如图 7-57 所示。注意，坐标原点是块的基点。

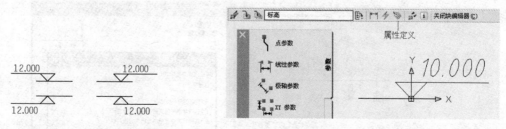

图 7-56　标注不同位置的标高属性块　　　　　图 7-57　属性定义

（3）添加翻转参数。在"块编写选项板"的"参数"卡上点击"翻转参数"，添加两个翻转参数（左右翻转与上下翻转），命令行提示如下：

命令：_BParameter 翻转

指定投影线的基点或［名称(N)/标签(L)/说明(D)/选项板(P)］：　　　　　　;指定上下翻转的镜像线

指定投影线的端点：

指定标签位置：　　　　　　　　　　　　　　　　　　　　　;指定参数标签放置位置

命令：_BParameter 翻转

指定投影线的基点或［名称(N)/标签(L)/说明(D)/选项板(P)］：　　　　　　;指定左右翻转的镜像线

指定投影线的端点：

指定标签位置：　　　　　　　　　　　　　　　　　　　　　;指定参数标签放置位置

（4）添加翻转动作。添加两个翻转动作，命令行提示如下：

命令：_BActionTool 翻转

选择参数：　　　　　　　　　　　　　　　;选择上下翻转参数或左右翻转参数

指定动作的选择集

选择对象：　　　　　　　　　　　　　　　;选择所有对象，包括标高、参数、动作

选择对象：

指定动作位置：

添加翻转参数和翻转动作后图形显示如图 7-58 所示。

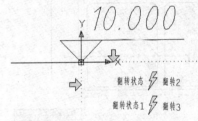

图 7-58　添加翻转参数和翻转动作

（5）保存块定义，退出块编辑器。

（6）测试动态功能是否满足要求，当不满意时，可以再次进入块编辑器，删除相关动作或参数标签，重新创建动态特性。

3. 可见性特性的创建

上述"标高"块包含了标高符号和标注基线。实际应用中，可能有时候不需要标注基线，这种情况下可以利用可见性特性将基线隐藏使其不可见。可见性特性的创建方法如下：

命令：_BParameter 可见性

指定参数位置或［名称(N)/标签(L)/说明(D)/选项板(P)］：　　　　　;指定参数标签放置位置

（1）设置可见性。"可见性"是通过"可见性状态"控制的，在"块编辑器"工具栏的右端，点击"管理可见性状态"按钮，打开可见性状态对话框。将"可见性状态 0"重命名为"标高和基线"，再新建一个名为"仅标高"的可见性状态，如图 7-59 所示。以"仅标

图 7-59　设置可见性

"高"为当前状态，单击"使不可见"按钮，拾取基线，可见性设置完毕。

（2）保存块定义，退出块编辑环境。

（3）测试动态功能：选择标高块，显示自定义夹点，如图 7-60 所示。可以分别点击"左右翻转"、"上下翻转"、"可见性"夹点，查看图块的动态变化。

图 7-60 标高动态块

本 章 小 结

本章介绍了普通块、属性块、动态块的应用、创建及其编辑修改。块、块属性的创建与修改是本章基本内容；创建块图形库、创建工具选项板、使用设计中心是使用块提高工作效率的有效途径，是本章的重点内容；动态块是块概念的延伸与扩展，在块定义中增加了可变量，它具有"一块代多块"的特点，极大地方便了块的使用，提高了设计绘图效率。

本 章 思 考 题

1. 定义好的块插入后，汉字显示为问号"?"，这是为什么？

2. 定义好的块插入时距光标很远甚至到屏幕外，这是为什么？

3. 插入块时，块的特性（线型、颜色）有时随插入图层变化，有时固定不变，这是为什么？

4. 轴号是利用属性块标注的，块被分解后轴号都变了，这是为什么？

5. 怎样将标题栏创建成一个块，插入时只需输入图名、图号、比例等参数就可以得到定制好的标题栏？

6. 如何创建工具选项板？

7. 设计中心只能用来插入图块吗？

8. 将图形中显示的图块都删除掉了，块定义还在吗？

9. 将图形中的块都分解了，块定义还在吗？

10. 块编辑器只能编辑动态块吗？

11. 在定义动态块时，为线性参数添加了拉伸动作，如何预先设定不同的拉伸距离？

12. 设办公桌有 1200×600、1400×600、1400×700、1600×700、1600×800 等不同的规格尺寸，要求定义一个动态块，插入之后可方便地修改成需要的规格尺寸。定义这个动态块要添加什么参数和动作才能满足功能要求？

第8章 专业图绘制实例

本章知识要点
- 建筑平、立、剖面图的绘制。
- 水利工程图的绘制。

8.1 建筑施工图

建筑平、立、剖面图是房屋施工中最基本的图样，本节以某学生公寓的平、立、剖面图的绘制过程介绍建筑图的绘制方法。

8.1.1 建筑图样板文件

主要考虑以下几个方面的设置：

（1）图幅与单位。以公制样板"acadiso.dwt"新建图形，默认图形界限为A3，这里暂不作修改，必要时再进行设置。

（2）图层。参照图8-1设置必要的图层，其他需要时再添加。这里考虑在打印样式中按颜色控制线宽，故线宽均取"默认"值，否则需要指定线宽。

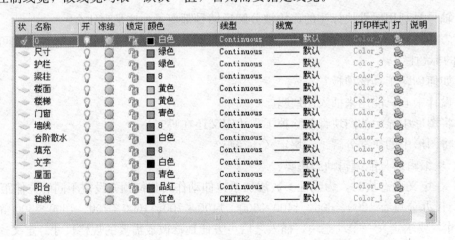

图 8-1　创建图层

（3）文字样式。参照表8-1设置三个文字样式。

表 8-1　　　　　　　　　　　　　　建筑图文字样式设置

样式名	字体名	效果	说明
gbeitc	gbeitc. shx ＋ gbcbig. shx	默认	用于尺寸标注与小号汉字标注
complex	complex. shx	默认	轴号与门窗名称等
simsun	宋体	宽度比例 0.7，其余默认	图名、标题栏等

（4）尺寸样式。基于样式"ISO-25"新建名为"dim"的样式，设置如下：

1）公共参数：尺寸线"基线间距"取值8，尺寸界线"超出尺寸线"取值2；文字外观下"文字样式"选择"gbeitc"，"文字高度"取值3.5。

2）"线性"子样式：选择"固定长度的尺寸界线"，"长度"取值15；箭头选择"建筑标记"，"箭头大小"取值1.5。

3）"角度"子样式："文字对齐"选择"水平"。

4）"半径"子样式："文字对齐"选择"ISO标准"；"调整选项"选择"文字"，"优化"选择"手动放置文字"。

5）"直径"子样式："文字对齐"选择"ISO标准"；"调整选项"选择"文字"，"优化"选择"手动放置文字"。

其他未提及的均为默认设置。完成设置后，置"dim"为当前样式，如图8-2所示。

（5）保存样板文件：建筑样板.dwt。

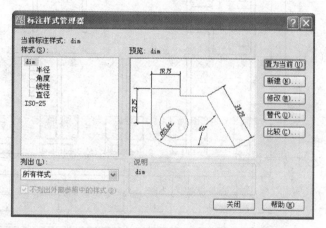

图8-2　设置尺寸样式

8.1.2　绘制建筑平面图

【例8-1】　绘制平面图。

建筑平面图是将房屋从门窗洞口处水平剖切后的俯视图，图8-3所示"底层平面图"是学生公寓的第一层平面图，从门洞大门进去有两个套间，每套间有三间卧室、公共厅、盥洗室、卫浴间和阳台。

绘制建筑平面图的一般步骤是：轴线、墙体、门窗、楼梯等，标注尺寸、轴号等。

绘图单位：图形尺寸单位一般为"毫米"，所以以毫米为绘图单位1∶1输入。

图幅与比例：图幅A3，打印比例1∶100。

绘图过程如下：

（1）绘图环境。以"建筑样板"开始新图，设置图形界限为42000×29700（A3×100）；修改标注样式的"标注特征比例"为100；设置线型比例为70。

线型比例系数的方法如下：

```
命令：'_limits                                    ;设置图形界限为42000×29700
重新设置模型空间界限：
指定左下角点或［开(ON)/关(OFF)］<0.0000,0.0000>：
指定右上角点 <420.0000,297.0000>：42000,29700
命令：_zoom                                       ;全部显示图形范围
指定窗口的角点，输入比例因子 (nX 或 nXP)，或者
［全部(A)/中心(C)/动态(D)/范围(E)/上一个(P)/比例(S)/窗口(W)/对象(O)］<实时>：
_all 正在重生成模型。
命令：lts                                         ;设置线型比例因子为70
LTSCALE 输入新线型比例因子 <1.0000>：70
```

正在重生成模型。

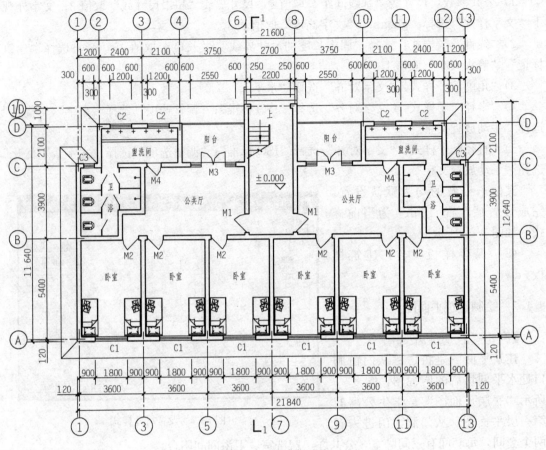

图 8 - 3　底层平面图

（2）绘制轴线。由于对称可以只绘制一半。以"轴线"为当前层，先以"直线"命令分别绘制一条水平轴线和一条垂直轴线，再"偏移"得到其他轴线，如图 8 - 4（a）所示。参考底层平面图的房间布置整理轴线，如图 8 - 4（b）所示。

（3）绘制墙体。以"墙线"为当前层，参考图 8 - 5 先绘制外墙再绘制内墙，操作如下：

```
命令：ml                                          ；输入"多线"命令
MLINE
当前设置：对正 = 上，比例 = 20.00，样式 = STANDARD
指定起点或［对正(J)/比例(S)/样式(ST)］：s         ；设置多线比例为240(绘制24墙)
输入多线比例 ＜20.00＞：240
当前设置：对正 = 上，比例 = 240.00，样式 = STANDARD
指定起点或［对正(J)/比例(S)/样式(ST)］：j          ；设置对正方式为"无(Z)"偏移
输入对正类型［上(T)/无(Z)/下(B)］＜上＞：z
当前设置：对正 = 无，比例 = 240.00，样式 = STANDARD
指定起点或［对正(J)/比例(S)/样式(ST)］：
指定下一点：
……
```

（4）整理墙线，门窗开洞。如图 8-6 所示，先修剪墙体，再根据门窗的定位与定形尺寸（见平面图）确定门窗洞口。推荐方法：墙体的修剪利用多线编辑命令 MLEDIT（先不要分解多线），之后分解多线，利用"偏移"和"修剪"绘制门窗洞。

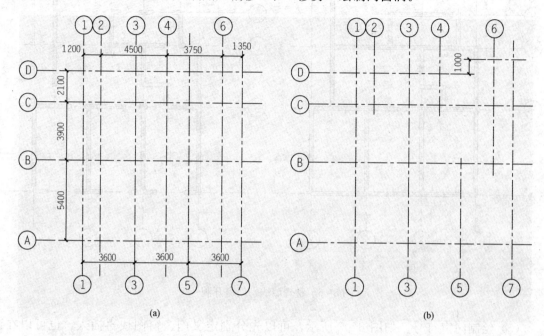

图 8-4 绘制轴线

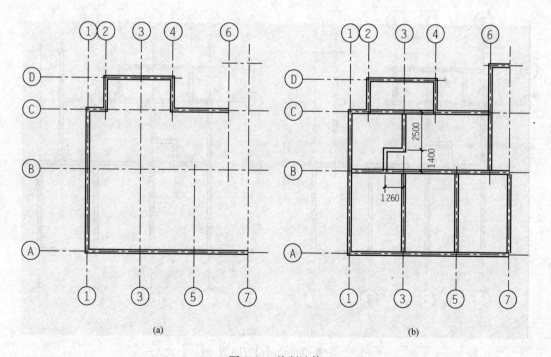

图 8-5 绘制墙体

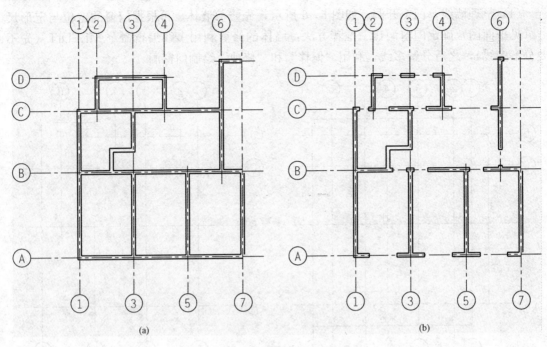

图 8-6　整理墙线、门窗开洞

（5）绘制门窗符号。如图 8-7 所示，可以先分别定义门、窗图块再插入，也可以在"门窗"图层直接绘制。

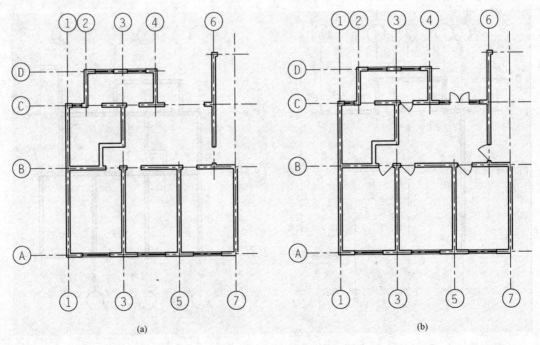

图 8-7　绘制门窗图例

（6）其他。如图 8-8 所示，绘制阳台护栏、散水、卫生间隔断、插入图块等，注意切换当前层。

（7）镜像复制。完成一半图形之后，用"镜像"命令复制得到对称的另一半，如图 8 - 9（a）所示。

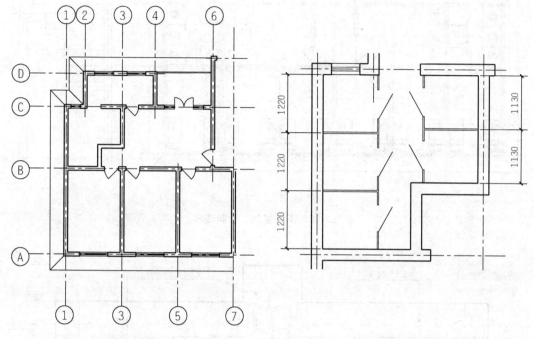

图 8 - 8 其他

（8）绘制楼梯、台阶。在"楼梯"图层绘制楼梯，在"台阶散水"图层绘制台阶，完成后如图 8 - 9（b）所示。

（9）标注。以"尺寸"图层为当前层，标注尺寸，在"文字"图层标注图名等。

（10）完成图形保存文件。

8.1.3 绘制建筑立面图

【例 8 - 2】 绘制立面图。

立面图是房屋在与外墙面平行的投影面上的投影，主要用来表示房屋的外部造型和装饰。立面图的外轮廓线之内的图形主要是门窗、阳台等构造的图例。

绘制建筑立面图的步骤是：绘制楼层定位线、门窗、阳台、台阶、雨棚等，一般可以先绘制一层的立面，再复制得到其他各楼层立面。

绘图单位、图幅与比例：与平面图相同。

下面以图 8 - 10 所示"正立面图"为例说明立面图的绘制方法。

（1）绘图环境。以"建筑样板"建新图，设置图形界限为 42000×29700（A3×100）；修改"标注特征比例"为 100；设置线型比例为 70；添加"立面轮廓"图层。

（2）绘制定位线。与该立面对应的轴线、各楼层的层面线以及室外地面线，如图 8 - 11 所示。画出定位线是为了确定立面上门窗、阳台等的位置。

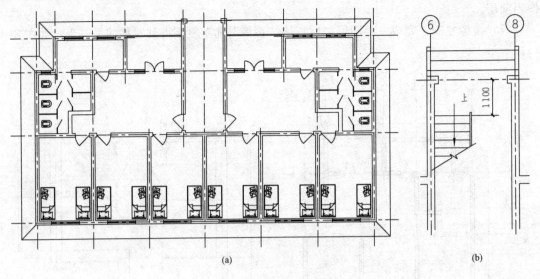

图 8-9　镜像复制、绘制楼梯

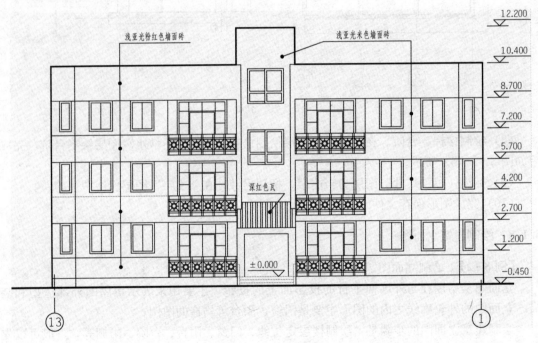

图 8-10　正立面图

（3）绘制立面的主要轮廓。以"立面轮廓"为当前层绘制外轮廓及其他可见轮廓线，外轮廓画粗实线，其他轮廓为中实线。可以将外轮廓线用多段线绘制，设置宽度为70（1：100打印出来为0.7mm），地面线在"台阶散水"图层绘制，可以用宽度为90的多段线表示，如图8-12所示。

（4）创建门窗、阳台立面图例块。门、窗、阳台立面图例一般以块插入，按图8-13所示尺寸绘制门、窗、阳台护栏图例并创建块备用。

注：图块图形在"0"层绘制，特性选择"随层"。

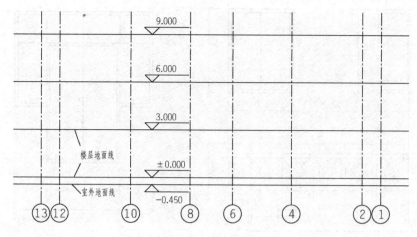

图 8 - 11　立面定位线

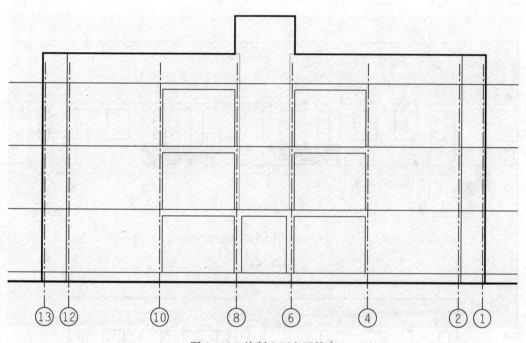

图 8 - 12　绘制立面主要轮廓

（5）插入门、窗、阳台立面图例。分别以"门窗"、"阳台"为当前层，使用 INSET（插入）命令，插入已创建的门、窗、阳台护栏图块，参照平面图的尺寸标注可以确定门窗的立面位置，如图 8 - 14 所示。

（6）复制其他楼层。完成一层后复制得到其他各层立面，删除不需要的定位线，如图8 - 15所示。

（7）绘制雨篷、台阶。以"屋面"为当前层绘制雨篷，以"台阶散水"为当前层绘制台阶，如图 8 - 16 所示。

（8）绘制引条线。在"立面轮廓"图层绘制装饰引条线，如图 8 - 17 所示。

（9）标注。标注立面装饰说明，标高等，完成图形。

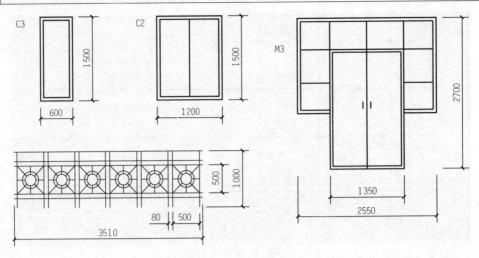

图 8-13　门窗阳台立面图例

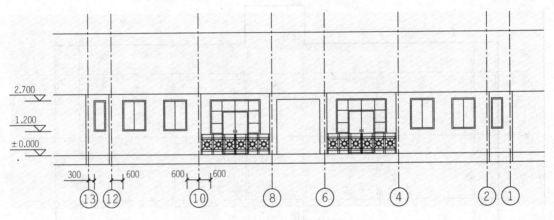

图 8-14　插入门窗阳台图例

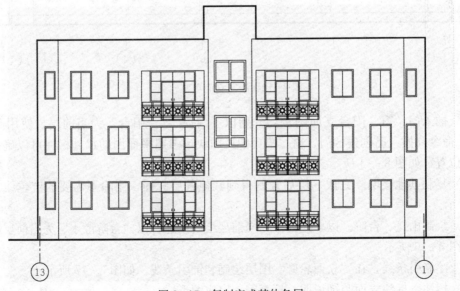

图 8-15　复制完成其他各层

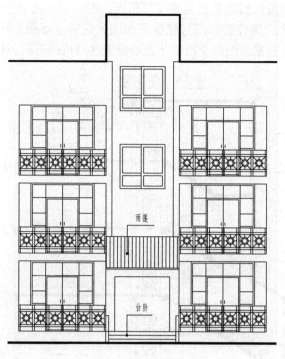

图 8-16 绘制雨篷、台阶

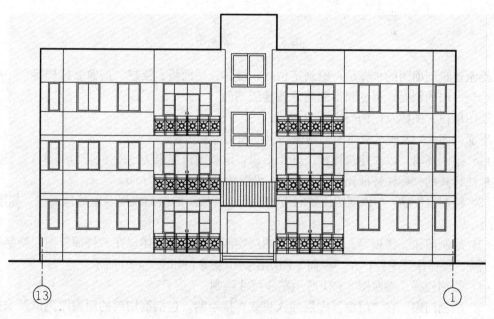

图 8-17 绘制装饰引条线

8.1.4 绘制建筑剖面图

【例 8-3】 绘制剖面图。

建筑剖面图是房屋的垂直剖面图，主要用来表示房屋内部的分层、结构形式、构造方式、材料、做法、各部位间的联系及其高度等情况。图 8-18 是学生公寓的楼梯间剖面图，剖切位置见底层平面图。建筑剖面图与建筑平面图、建筑立面图互相配合，表示房屋的全局。所以绘图时需要结合平面图与立面图才能确定某些结构的形状和尺寸。

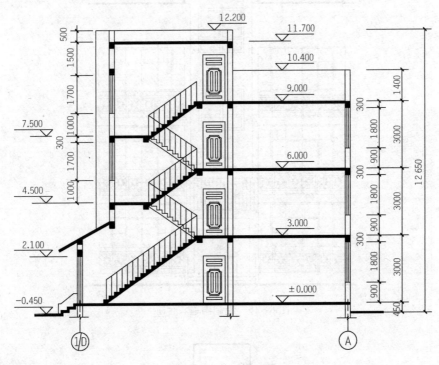

图 8-18 1-1 剖面图

　绘制建筑剖面图的步骤是：绘制定位线、墙体、楼面板、梁柱、门窗、楼梯等，一般可以先绘制一层的剖面，再复制得到其他各楼层剖面。

　绘图单位、图幅及比例与平面图相同。

　下面以图 8-18 所示剖面图为例说明剖面图的绘制方法。

　（1）绘图环境。以"建筑样板"开始新图，设置图形界限为 42000×29700（A3×100）；修改标注样式的"标注特征比例"为 100；设置线型比例系数为 70。

　（2）绘制定位线。与该剖切位置对应的轴线、各楼层的层面线以及室外地面线，如图 8-19 所示。

　（3）绘制墙体、楼板等。在"墙线"图层绘制剖切到的墙体；在"楼面"图层绘制楼板（100 厚）、楼梯休息平台；在"屋面"图层绘制雨篷等，如图 8-20 所示。

　（4）绘制楼梯。参照图 8-21 所示踏步尺寸绘制。

　（5）绘制门窗。在"门窗"图层插入块或直接绘制，包括剖切到的门窗图例以及未剖切的立面图例，如图 8-22 所示。

　（6）填充。在"填充"图层填充被剖切到的梯段、楼板、过梁等，如图 8-23 所示。

　（7）标注。在"尺寸"层标注尺寸等。

　（8）保存图形。

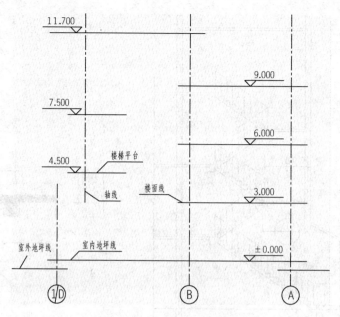

图 8 - 19 绘制剖面定位线

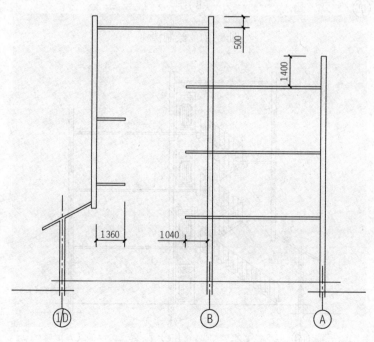

图 8 - 20 绘制墙体、楼板等

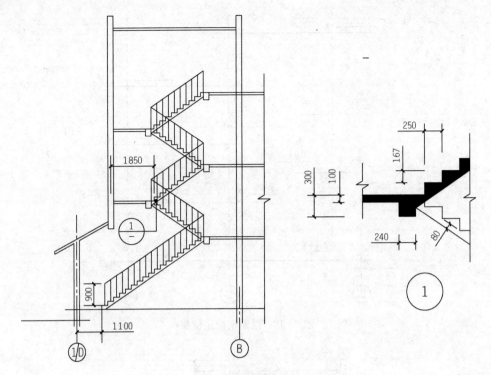

图 8 - 21　绘制楼梯

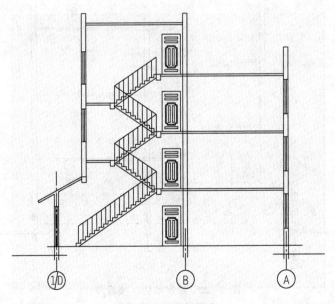

图 8 - 22　绘制门窗

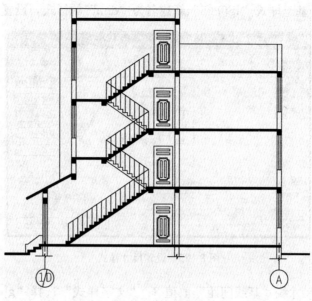

图 8-23 填充

8.2 水利工程图

8.2.1 水工图样板文件

（1）图幅与单位。以公制样板"acadiso.dwt"新建图形，图幅与单位暂不作修改，必要时再进行设置。

（2）图层。考虑按颜色控制打印线宽，设置常用图层如图 8-24 所示。

图 8-24 创建图层

（3）文字样式。参照表 8-2 设置两个文字样式。

表 8-2　　　　　　　　　　　　　　　水工图文字样式设置

样式名	字体名	效果	说明
gbeitc	gbeitc. shx ＋ gbcbig. shx	默认	用于尺寸标注与小号汉字标注
simsun	宋体	宽度比例 0.7，其余默认	图名、标题栏等

（4）尺寸样式。基于样式"ISO-25"新建名为"dim"的样式，设置如下（图 8-25）：

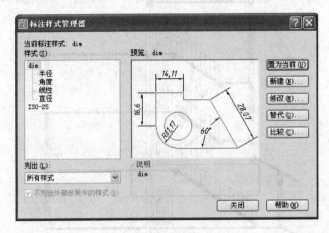

图 8-25　设置尺寸样式

1）公共参数：尺寸线"基线间距"取值 8；"文字样式"选择"gbeitc"，"文字高度"取值 3.5。

2）"线性"子样式：按公共参数取值，不作修改。

3）"角度"、"半径"、"直径"子样式按前述建筑标注样式设置。

（5）保存样板文件：水工图.dwt。

8.2.2　绘制水利工程图

【例 8-4】　绘制图 8-26 所示梁的钢筋图。

（1）设置图层、文字样式与尺寸样式，尺寸样式按不同图形比例设置两个，如图 8-27 所示，分别用于标注 1：30 的立面图和 1：10 的剖面图。

（2）在细实线图层绘制构件外形轮廓。先 1：1 绘制各视图，完成后将剖面图放大 3 倍，以便按立面图的 1：30 打印出 1：10 的剖面图（图 8-28）。

（3）在钢筋图层绘制立面图钢筋，如图 8-29 所示。钢筋没有弯钩时也可以用 LINE 绘制，长度尺寸不必太精确，保护层按 20mm 左右考虑，当图形比例较小时，为防止打印出来的图形中钢筋和轮廓线相接触，可以适当加大保护层绘制图形。

（4）在钢筋图层绘制剖面图钢筋，如图 8-30 所示。

（5）在尺寸图层标注钢筋编号与钢筋尺寸，如图 8-31 所示。

（6）在尺寸图层标注构件尺寸，注意用标注样式 dim30 标注 1：30 的立面图，dim10 标注 1：10 的剖面图。标注完成如图 8-26 所示。

（7）制作钢筋表，如图 8-32 所示。

【例 8-5】　绘制图 8-33 所示溢流坝横剖视图。

（1）根据高程绘制高度方向的主要定位线，如图 8-34（a）所示；根据长度尺寸绘制左右主要轮廓线，如图 8-34（b）所示。

（2）绘制溢流面曲线。顶部细部轮廓尺寸如图 8-35（a）所示；样条曲线的绘制如图 8-35（b）所示，在提示"指定起点切向："时捕捉点 1，"指定端点切向："时捕捉点 2。

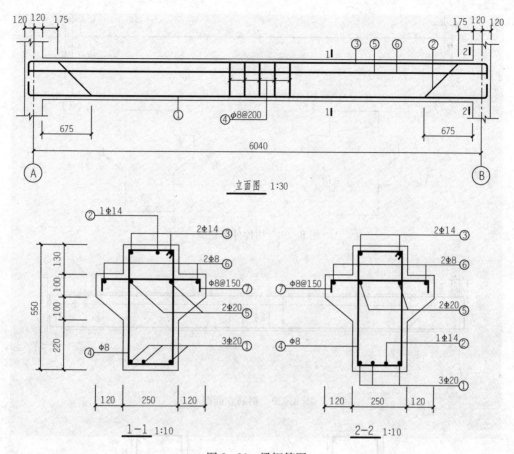

图 8-26 梁钢筋图

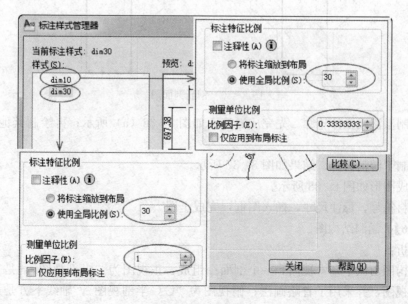

图 8-27 标注样式

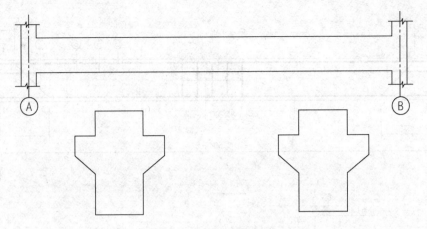

图 8-28　构件外形轮廓

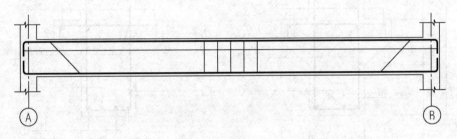

图 8-29　钢筋立面图

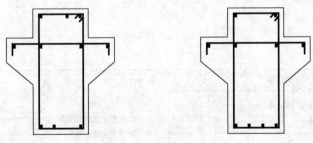

图 8-30　钢筋剖面图

（3）绘制溢流段主体轮廓。先完成溢流面如图 8-36（a）所示；再绘制其他如图 8-36（b）所示。

（4）绘制下游消力池，结果如图 8-37 所示。

（5）完成图形如图 8-38 所示。

填充材料符号，标注尺寸，插入图框，完成全图。

【例 8-6】　涵洞结构图。

视图分析：

涵洞结构图由三个基本视图和一个剖面图组成，正视图为"纵剖视图"，是过涵洞轴线剖切的全剖视图，并采用了省略画法；俯视图为"C-C 半剖视图"，轴线下方是过底板顶面的剖视图，轴线上方是涵洞的平面图；左视图为合成视图，由"立面图"和"A-A 剖视图"组成；"B-B 剖面图"表达了八字翼墙右端的断面形状。

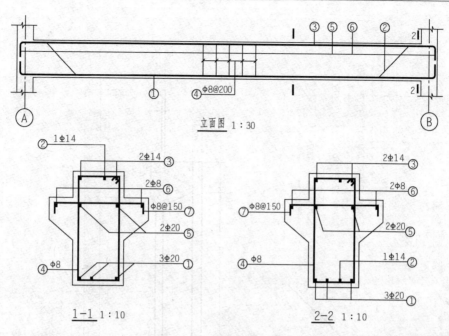

图 8-31　钢筋编号与尺寸

钢　筋　表					
编号	直径	型式	单根长 (mm)	根数	总长 (m)
1	20	210 ⌐62.30⌐ 210	6650	3	19.950
2	14	390 735 735 390 / 210 4450 210 \	7120	1	7.120
3	14	210 6320 210	6650	2	13.300
4	10	525 ⌐ 225	1512	36	54.432
5	10	6230	6230	2	12.460
6	8	6230	6230	2	12.460
7	8	50 440 50	540	40	21.600

图 8-32　钢筋表

绘图时将此涵洞分为三个部分：①洞身；②进口八字翼墙；③盖板、冒石、填土。

绘图单位：由于图形尺寸单位为"厘米"，所以以厘米为绘图单位。

图幅与比例：图幅 A3，打印比例 1∶5（实为 1∶50）。

（1）绘图环境。以"水工图样板"开始新图，设置图形界限为 2100×1485（A3×5）；修改标注样式的"标注特征比例"为 5；修改图层线宽设置如图 8-39 所示。

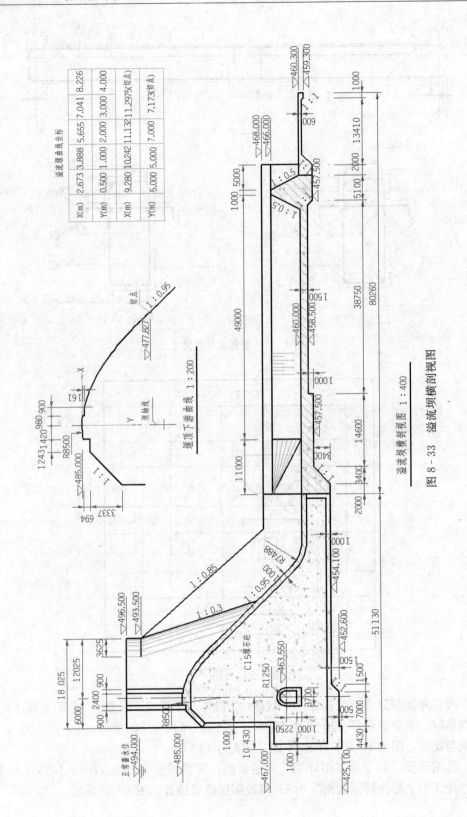

溢流坝曲线坐标

X(m)	2.673	3.888	5.655	7.041	8.226
Y(m)	0.500	1.000	2.000	3.000	4.000
X(m)	9.280	10.242	11.132	11.2975切点	
Y(m)	5.000	7.000	7.173切点		

坝顶下游曲线 1：200

溢流坝横剖视图 1：400

图 8 - 33　溢流坝横剖视图

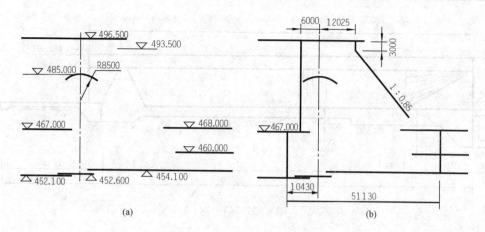

图 8 - 34 绘制主要定位轮廓

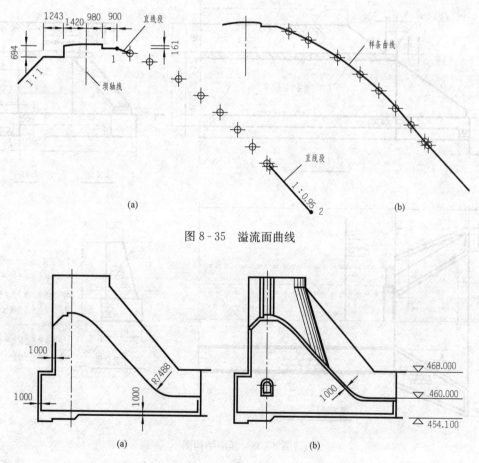

图 8 - 35 溢流面曲线

图 8 - 36 溢流段主体轮廓

　　（2）绘制洞身。包括底板和侧墙，先在"中心线"图层绘制点画线，再以"粗实线"为当前层绘制洞身部分的三面投影，如图 8 - 40 所示。

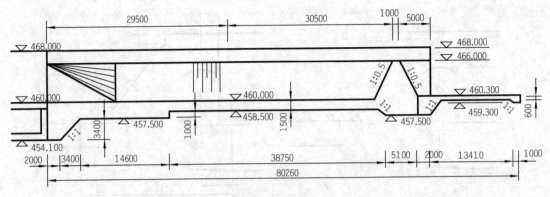

图 8-37　消力池

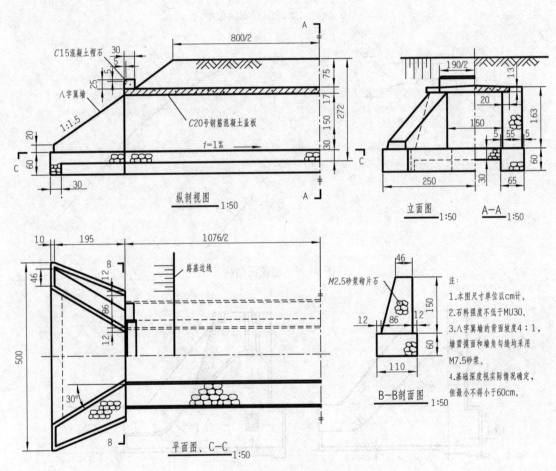

图 8-38　涵洞结构图

（3）绘制八字翼墙。参照图8-42绘制八字翼墙的三面投影。

八字翼墙的投影是本图的作图难点，参照图8-41根据投影规律仔细作图。作图次序是，根据尺寸先定正面4′（3′）、1（2′）和水平面1、2、3、4，再通过"高平齐"、"宽相等"作出侧面投影1″、2″、3″、4″。点6或6″根据尺寸"86"确定，而3″5″平行于2″6″，由此可以求得 5。

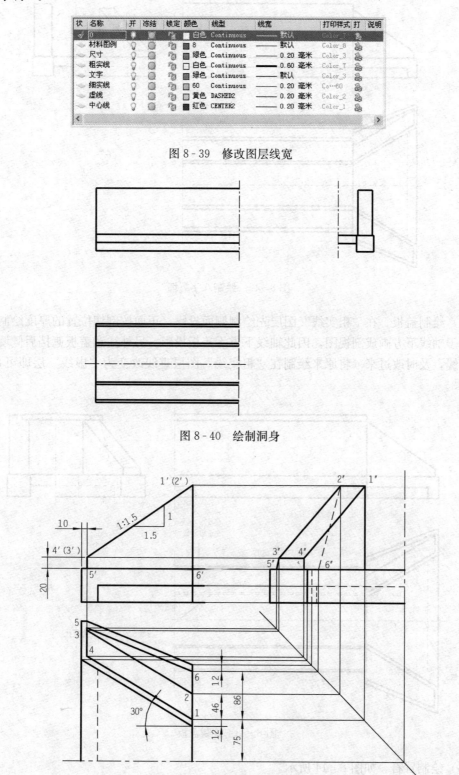

图 8-39 修改图层线宽

图 8-40 绘制洞身

图 8-41 八字翼墙的三面投影

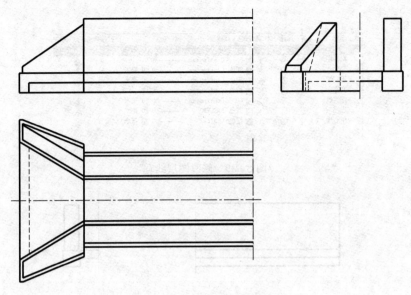

图 8-42 绘制八字翼墙

(4) 绘制盖板。在"粗实线"图层先绘制侧面投影，正面按剖切位置的厚度绘制，水平投影由于轴线下方画成剖视图，因此轴线下方无盖板投影。另外注意盖板遮挡后侧墙的轮廓变为虚线，及时改过来（将原来绘制在"粗实线"图层直线改变为"虚线"层即可）。参照图 8-43。

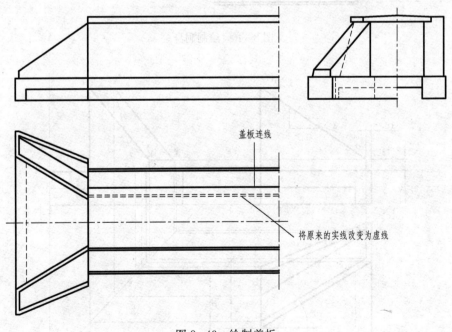

盖板连线

将原来的实线改变为虚线

图 8-43 绘制盖板

(5) 绘制冒石。如图 8-44 所示。

(6) 绘制填土和 B-B 剖面。填土后，平面图部分的洞身、盖板均被填土遮挡而变成虚线

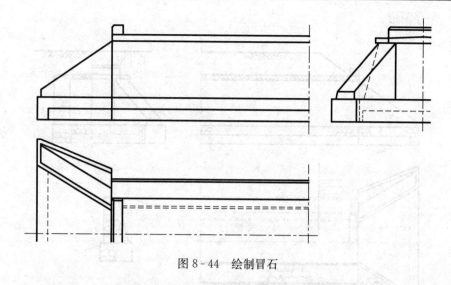

图 8-44 绘制冒石

（通过改变图层的操作来改变线型）；B-B 剖面是八字翼墙的右端面（与洞身侧墙的结合处），
如图 8-45 所示。

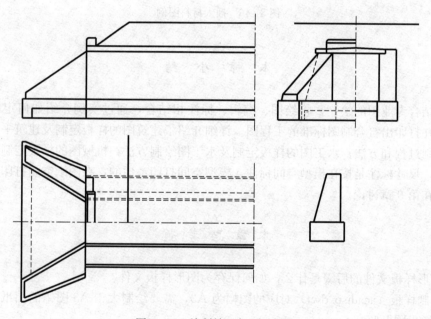

图 8-45 绘制填土与 B-B 剖面

（7）其他。在"细实线"图层绘制示坡线（绘制间距 10，1∶5 打印间距为 2）；在"材
料图例"图层填充盖板的钢筋混凝土材料，插入其他自定义的建筑材料图例（插入比例 5），
如图 8-46 所示。

（8）图形标注。包括对称符号、剖切符号、图名、注释和尺寸。确保"标注特征比例"
为 5，在"尺寸"图层标注尺寸；在"文字"图层注写注释文字和图名，注意文字高度放大
5 倍，例如 5 号字，应指定高度为 25，以保证 1∶5 打印出来高度为 5。

（9）插入图框。新建"图框"图层，插入 A3 图框（插入比例为 5）并填写标题栏。

（10）保存图形。

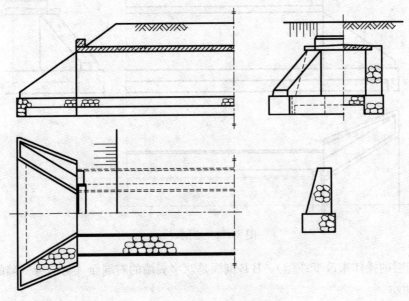

图 8-46　插入材料图例

本 章 小 结

本章结合专业图的绘制，将绘图、编辑、标注相结合，通过实例介绍如何定制绘图环境，绘制并打印出符合制图标准的工程图。详细介绍了建筑图的样板定制及建筑平、立、剖面图的绘制过程和方法；水工图的样板定制及水工图绘制方法；机械图的样板定制与机械图绘制方法。尺寸标注是按在模型空间标注、模型空间打印考虑的，在图纸空间打印布局时如何标注将在第 9 章讨论。

本 章 思 考 题

1. 图形样板文件的后缀是什么，如何保存为图形样板文件？

2. 公制样板（acadiso.dwt）对应的图幅为 A3，需要绘制大于 A3 图幅的图纸，一定要设置"图形界限"吗？

3. 通过"格式"→"图形界限"设置了需要的范围，但是图形画出来还是超出了屏幕范围，这是为什么？

4. 希望在新建图形时，系统自动选择自定义样板文件，该如何设置？

5. 标注工程图的尺寸，看不见数字和箭头时，可以通过改变标注文字的高度和箭头的大小进行调节，这种方法正确吗？

6. 如果不考虑打印比例对绘图有什么影响？

7. "标注特征比例系数"如何取值，它与什么有关？

8. 要求打印图纸上的文字高度为 5mm，标注文字时如何指定字高？

第9章　图纸的布局与打印

本章知识要点
- 模型空间与图纸空间的概念。
- 图纸布局、视图的文字与尺寸标注。
- 在图纸空间打印。
- 在模型空间打印。

9.1　模型空间与图纸空间的概念

AutoCAD窗口提供了两个并行的工作环境，即"模型"选项卡与"布局"选项卡，分别对应"模型空间"与"图纸空间"。点击"模型"与"布局"可以在模型空间与图纸空间之间切换。通常是在模型空间中设计图形，在图纸空间中进行打印准备。

1. 模型空间

在AutoCAD中创建的二维或三维图形对象均称为"模型"，模型空间是创建模型时所处的AutoCAD环境。启动AutoCAD时，默认界面上"模型"选项卡是激活的，所以默认状态处于模型空间。在模型空间里，可以按照物体的实际尺寸绘制、编辑二维或三维图形，还可以全方位地显示图形对象，模型空间是一个三维环境。

AutoCAD"模型空间"界面如图9-1（a）所示。

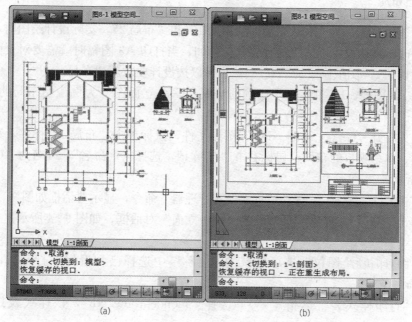

图9-1　"模型空间"与"图纸空间"界面

2. 图纸空间

点击"布局"选项卡可以进入图纸空间。图纸空间的"图纸"与真实的图纸相对应，图纸空间是设置、管理视图的 AutoCAD 环境。在模型空间创建好图形后，进入图纸空间规划视图的位置与大小，还可以对视图进行文字或尺寸标注。模型空间中的三维对象在图纸空间中是用二维平面上的投影来表示的，它是一个二维环境。

AutoCAD"图纸空间"界面如图 9 - 1 （b）所示。

3. 布局

"布局"对应图纸空间。布局代表打印的页面，一个布局就是一张图纸。在布局上可以创建和定位视口，对欲打印的图形进行"排版"，文字和尺寸标注也可以在布局上进行。一个图形文件，模型空间只有一个，而布局可以有多个。默认的有"布局 1"和"布局 2"。可以创建新的布局，也可以删除布局，但至少保留一个。布局标签也可以改名，如图 9 - 1 （b）只有一个名为"1-1 剖面"的布局。

4. 视口

"视口"是布局上的一个矩形或任意多边形区域，视口中显示模型空间的图形。一个布局可以包含一个或多个视口，每个视口可以显示不同区域和不同比例的图形。如图 9 - 1 （b）所示的布局"1-1 剖面"上有 3 个视口；左边视口显示 1-1 剖面图，显示比例为 1：100；右上方视口显示老虎窗的平、立面图，显示比例 1：50；右下方视口显示详图，显示比例 1：20。

9.2 创建布局与建立视口

9.2.1 创建布局

如前所述，系统有两个默认布局即"布局 1"和"布局 2"。实际设计绘图时，通常要按具体要求修改其默认设置以适应设计要求。例如，当打印 A3 图幅时就需要对页面设置进行修改，将默认的 A4 图纸修改为 A3。当然也可以按设计要求新建布局。

下面以 A3 图幅、1：100 打印比例的房屋"G-A 立面图"为例说明布局的创建方法，操作如下。

（1）首先打开"G-A 立面图 .dwg"图形文件，鼠标单击"布局 1"标签，系统自动生成默认页面、单一视口的布局；鼠标右击"布局 1"，选择"重命名"，改名为"G-A 立面"，如图 9 - 2 所示。

（2）右击"G-A 立面"，选择"页面设置管理器"命令，显示对话框如图 9 - 3 所示。

（3）单击"修改"，显示"页面设置－G-A 立面"对话框，如图 9 - 4 所示。在此作如下设置：

1）在"打印机/绘图仪"选项区域的"名称"中选择已配置好的打印机，此处选择"DWF6 ePlot. pc3"。

2）在"打印样式表（笔指定）"下选择"monochrome. ctb"，该样式表打印黑白工程图。

3）在"图纸尺寸"下选择自定义的图纸"A3（297×420 毫米）"。

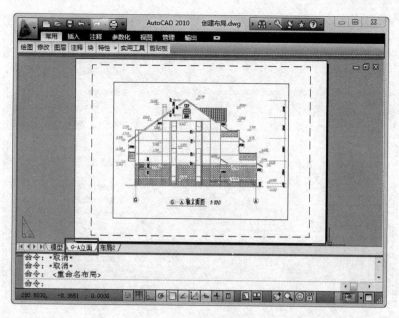

图9-2 默认布局

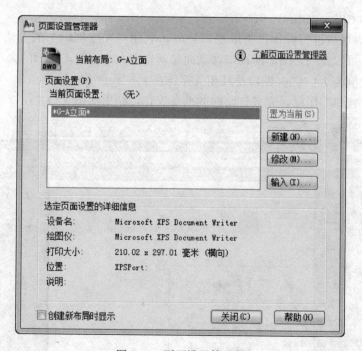

图9-3 页面设置管理器

4) 在"打印区域"的"打印范围"下选择"布局"。

5) "打印比例"选择1:1。

6) "图形方向"选择"横向"。

7) 单击"确定"按钮,关闭"页面设置"对话框;单击"关闭"按钮,关闭"页面设置管理器"对话框。图9-5是修改页面设置后的"G-A立面"布局。

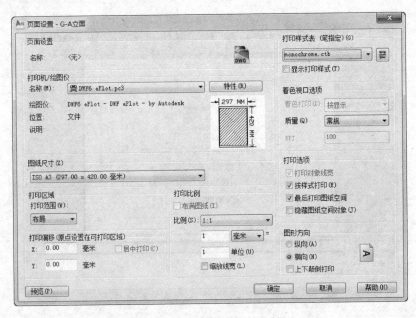

图 9-4　"页面设置"对话框

8）插入 A3 图框，如图 9-6 所示。

9）接下来对视口进行操作：拾取视口边界，利用"夹点编辑"的方法移动视口位置、调节视口大小。可以看到，图形随视口移动而移动，但大小不变，图形的大小由视口比例确定，指定视口比例为 1：100（视口及其相关操作在下一节介绍）。

10）关闭"视口"图层，完成打印前的准备工作，结果如图 9-7 所示。

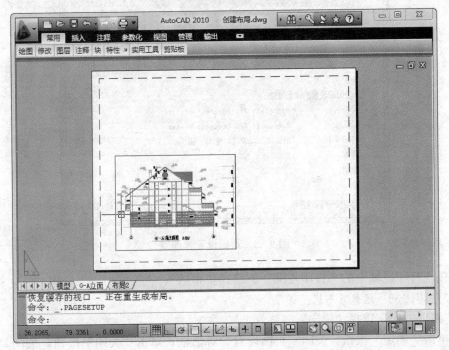

图 9-5　修改页面设置后的"G-A 立面"布局

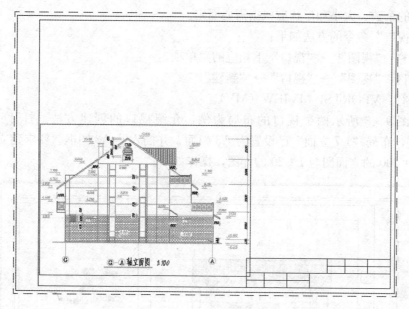

图 9-6 在布局上插入图框

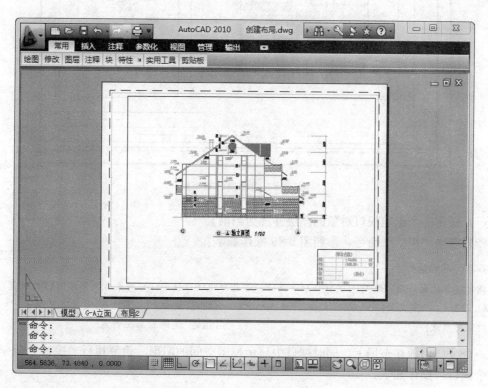

图 9-7 完成 "G-A 立面" 布局

9.2.2 建立视口

在创建布局时，系统自动创建了单一视口（也可以自动创建多个相等的视口）。实际应用中，视口的个数、大小和形状应根据需要而定。

调用"视口"命令的方法如下：

● 菜单栏："视图" → "视口"下相应的菜单项。
● 功能区："视图" → "视口" → "新建"。
● 命令行：VPORTS，MVIEW (MV)。

下面以图 9 - 8 所示两个视口的布局为例，介绍视口的创建方法。打开"创建视口.dwg"文件，布局"1-7 立面"已设置为 A3 幅面，并插入了 A3 图框。要求建立两个视口，分别显示 1：100 的立面图与 1：20 的详图，操作如下。

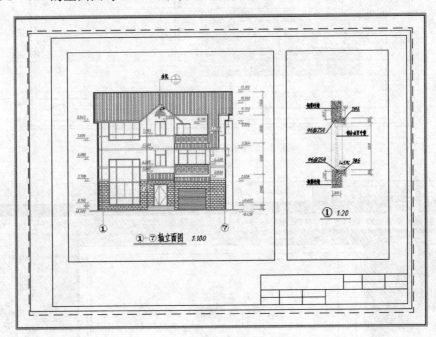

图 9-8　两个视口的布局

(1) 新建一个创建视口对象的图层并置为当前。
(2) 启动"视口"命令，参照图 9-9 操作如下：

命令：mv MVIEW
指定视口的角点或 [开(ON)/关(OFF)/布满(F)/着色打印(S)/锁定(L)/对象(O)/多边形(P)/恢复(R)/图层(LA)/2/3/4] <布满>：　　　　　　　；指定"视口 1"左下角点，大致位置即可
指定对角点：　　　　　　　　　　　　　；指定"视口 1"右上角点

一个视口出现在布局上，同时视口中显示模型空间的图形。重复执行"视口"命令建立另一个视口，操作如下：

命令：MVIEW
指定视口的角点或 [开(ON)/关(OFF)/布满(F)/着色打印(S)/锁定(L)/对象(O)/多边形(P)/恢复(R)/图层(LA)/2/3/4] <布满>：　　　　　　　；指定"视口 2"左下角点，大致位置即可
指定对角点：　　　　　　　　　　　　　；指定"视口 2"右上角点

初步建立的两个矩形视口如图 9-9 所示。

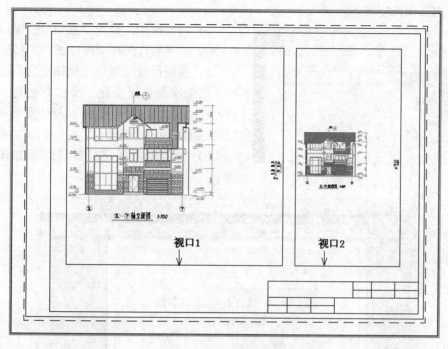

图 9-9　新建两个矩形视口

（3）设置视口比例。

1）选择"视口 1"（点击视口边线），在"视口"快捷特性中"标准比例"栏选择
1:100，如图 9-10 所示；或者选择视口之后在状态栏"视口比例"列表中选择。视口比例
就是该视图的打印比例。

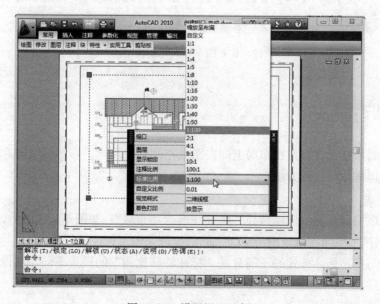

图 9-10　设置视口比例

2）如有必要，在视口内双击进入模型空间，平移视图至适当位置；之后在视口外空白

处双击，返回图纸空间。

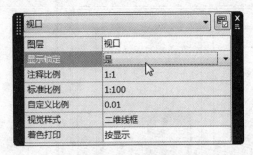

图 9-11　设置视口比例

3）同上操作，设置"视口 2"视口比例为 1：20，并平移详图在"视口 2"中显示。

4）视图位置与视口比例确定之后应锁定视口，以免误操作而变化。操作方法是：选择视口，在"视口"快捷特性中选择"显示锁定"→"是"，如图 9-11 所示。

5）关闭视口图层，最后结果如图 9-12 所示。

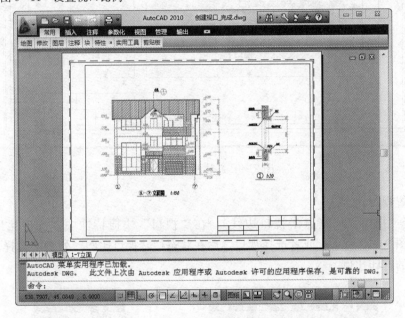

图 9-12　具有两个不同比例视图的布局

9.3　视图的尺寸标注

所谓视图的尺寸标注是指在布局上即在图纸空间标注尺寸。在图纸空间标注并通过布局打印图纸是值得推荐的一种方法。

1. 标注样式

如果在图纸空间标注，应该选择"将标注缩放到布局"，如图 9-13 所示。此时，Auto-CAD 自动根据模型空间视口与图纸空间之间的比例来确定标注特征比例。

图纸空间与模型标注样式的不同只是"标注特征比例"的设置不同，其他各项设置是一样的，不再赘述。

2. 不同比例视图的尺寸标注

如前所述，一个布局可以有多个不同比例的视图，上节完成的图 9-12 是具有两个不同比例的视图，其中"1-7 立面"为 1：100，而"详图 1"的比例为 1：20。如果在模型空间

图 9-13 图纸空间标注样式设置

标注尺寸，应设置两个不同的标注样式，分别对应标注特征比例 100 和 20；如果在图纸空间标注尺寸，则无需多个样式，同一个标注样式即可标注各不同比例的视图。

3. 利用"注释性"为不同比例视图标注尺寸

注释性特性是 AutoCAD 2008 推出的新功能。有了注释性（必须配合布局视口使用）标注样式，对于多个不同比例视图的尺寸标注，就不需设置多个标注样式了。

设置注释性标注样式很简单，只要在"标注样式管理器"对话框中"调整"选项卡上，"标注特征比例"选项区域勾选"注释性"，如图 9-14 所示。

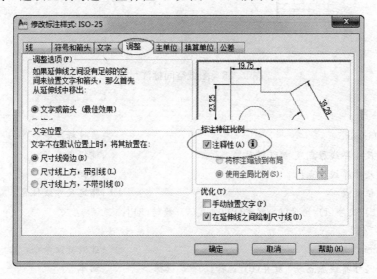

图 9-14 "注释性"标注样式设置

注释性标注样式的其他参数（如文字、箭头等）与非注释性标注样式相同，均以图纸上的真实大小来设置，不再赘述。

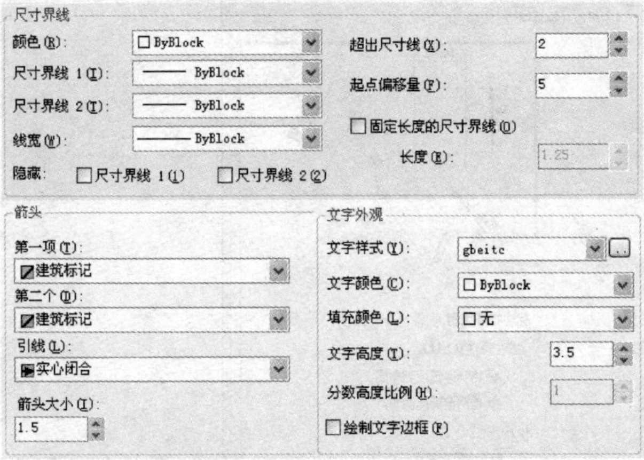

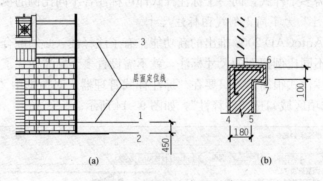

图 9-15　标注样式设置

设置好注释性标注样式之后，直接在模型空间标注尺寸，只要注释比例和需要出图的视口比例一致，就可以在布局中多个不同比例的视口中正确显示出来。

【例 9-1】　图纸空间尺寸标注。

打开"图纸空间尺寸标注.dwg"文件，按以下步骤操作。

（1）设置标注样式。启动"标注样式管理器"，新建样式"dim"，标注要素特征值设定如图 9-15 所示。

（2）创建布局。按上一节介绍的方法建立视口、调整视图并设定视口比例，特别注意应锁定视口之后开始标注尺寸。

（3）尺寸标注。以"PUB_DIM"为当前层，以"dim"为当前样式。先标注立面图的尺寸，如图 9-16（a）所示。

图 9-16　图纸空间标注尺寸

```
命令：_dimlinear                                        ;线性标注命令
指定第一条尺寸界线原点或＜选择对象＞：                    ;捕捉点1
指定第二条尺寸界线原点：                                 ;捕捉点2
指定尺寸线位置或                                         ;指定尺寸线位置
［多行文字(M)/文字(T)/角度(A)/水平(H)/垂直(V)/旋转(R)］：
标注文字 = 450
命令：_dimcontinue                                      ;连续标注命令
指定第二条尺寸界线原点或［放弃(U)/选择(S)］＜选择＞：      ;回车
选择连续标注：                                          ;选择点1处的尺寸界线
指定第二条尺寸界线原点或［放弃(U)/选择(S)］＜选择＞：      ;捕捉点3
标注文字 = 3300
```

```
……                                          ;标注完成立面图尺寸
```

接下来标注详图的尺寸，如图 9-16（b）所示。这里无需切换标注样式，同样的标注样式来标注立面图与详图，系统根据视口比例自动缩放尺寸并确定标注特征比例。

```
命令：_dimlinear                             ;线性标注命令
指定第一条尺寸界线原点或 <选择对象>：          ;捕捉点 4
指定第二条尺寸界线原点：                       ;捕捉点 5
指定尺寸线位置或                              ;指定尺寸线位置
[多行文字(M)/文字(T)/角度(A)/水平(H)/垂直(V)/旋转(R)]:
标注文字 = 180
命令： dimlinear                             ;按空格键继续线性标注
指定第一条尺寸界线原点或 <选择对象>：          ;捕捉点 6
指定第二条尺寸界线原点：                       ;捕捉点 7
指定尺寸线位置或                              ;指定尺寸线位置
[多行文字(M)/文字(T)/角度(A)/水平(H)/垂直(V)/旋转(R)]:
标注文字 = 100
命令：_dimcontinue                           ;连续标注命令
指定第二条尺寸界线原点或 [放弃(U)/选择(S)] <选择>：  ;回车
选择连续标注：                               ;选择点 6 处的尺寸界线
指定第二条尺寸界线原点或 [放弃(U)/选择(S)] <选择>：
标注文字 = 1000
……                                          ;标注完成详图尺寸
```

（4）标注标高。插入标高、轴号属性块，不需放大，1∶1 插入即可。为简化起见，只标注几个主要标高。

（5）标注文字。以 "PUB_TEXT" 为当前层，以样式 "gbeitc" 标注注释文字，"simsun" 样式标注图名。用单行文字命令注写，字高不需放大，例如 5 号字，指定字高 5。

（6）关闭 "DOTE"、"视口" 图层。完成的标注见 "图纸空间尺寸标注_完成.dwg"。

9.4　图纸的打印输出

调用打印命令的方法如下：
● 单击 "快速访问" 工具栏右端 "打印" 命令按钮▣。
● 命令：PLOT。

9.4.1　在图纸空间打印

完成布局的设置与视图标注后，打印操作是很简单的。下面以上节完成的布局为例，介绍布局的打印方法。

（1）打开 "图纸空间打印.dwg" 文件，激活 "1-7 立面" 布局卡。

（2）启动 "打印" 命令，显示 "打印－1-7 立面" 对话框如图 9-17 所示（单击右下角按钮 ">"、"<" 可以展开或收缩对话框）。

（3）设置打印参数。"打印" 对话框与创建布局时的 "页面设置" 对话框是一致的，可

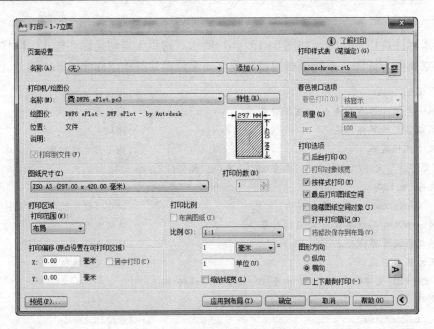

图 9‑17　AutoCAD 打印对话框

以看到"打印机"、"图纸尺寸"、"打印区域"、"打印比例"已设置好了。如有必要，此处也可以更改。

（4）单击"确定"按钮打印图形（可以单击"预览"，观察打印效果）。本例是打印到文件，点击"确定"按钮后系统要求指定文件的保存位置及文件名。

（5）打印预览，如图 9‑18 所示。

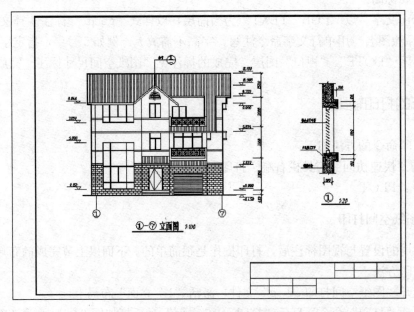

图 9‑18　图纸空间打印预览

9.4.2 在模型空间打印

1. 单比例视图的打印

当一张图纸上的图形具有同一个比例时，在模型空间打印比较简单，因为只要将标注特征比例（DIMSCALE 变量）设置为反比于所需打印比例即可完成所有尺寸标注。例如，打印比例为 1∶100，则设置 DIMSCALE ＝ 100。

打开"模型空间打印＿单比例视图.dwg"文件，启动"打印"对话框并进行打印设置，如图 9-19 所示，设置要点说明如下。

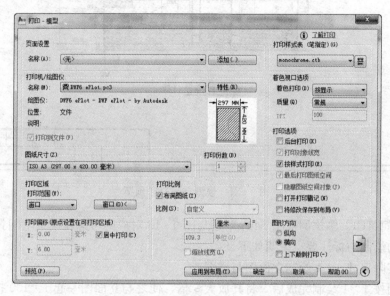

图 9-19　模型空间打印设置

（1）打印机选择 DWF6 ePlot.pc3 电子打印。

（2）图纸选择自定义图幅 A3＋（330×450 毫米），自定义图纸的方法请参见本书配套教材《AutoCAD 实训教程》中［实例 10-1］。

（3）打印比例 1∶100。

（4）打印样式表 monochrome.ctb。

（5）在"打印区域"下的"打印范围"选择"窗口"后，拾取包含打印图形的两个对角点，例如图框的对角点。单击"窗口"按钮可重新设置打印范围（图 9-20）。

（6）预览打印效果，如图 9-21 所示。

2. 多比例视图的打印

当一张图纸上的图形具有不同比例时，在模型空间

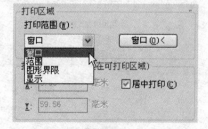

图 9-20　模型空间打印区域设置

打印比较麻烦。首先，在绘制对图形时要考虑缩放；其次，要设置与图形比例对应的不同标注样式，这不仅要设置标注特征比例（DIMLFAC 变量），还应设置测量比例（DIMLFAC 变量）。

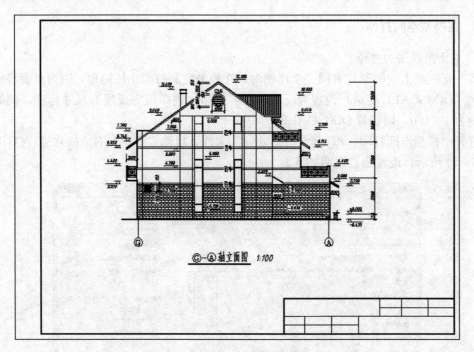

图 9-21 模型空间打印预览

"模型空间打印_多比例视图.dwg"是与图 9-18 对应的考虑在模型空间打印的图形文件，该图形的绘制与标注要点说明如下。

（1）按实际尺寸 1：1 绘制立面图与详图。

（2）详图按 1：1 绘制完成后，将其放大 5 倍，使之与立面图一起 1：100 打印后的实际比例为 1：20。

（3）详图放大后，要使尺寸标注为原大小，应设置测量比例 DIMLFAC = 0.2（即将测量的尺寸缩小 5 倍）。为此设置两个标注样式：

dim100—标注立面图的尺寸，测量比例与标注比例如图 9-22 所示。

dim20—标注详图的尺寸，测量比例与标注比例如图 9-23 所示。

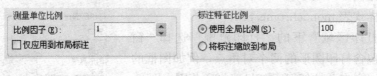

图 9-22 "dim100"的测量比例与标注比例

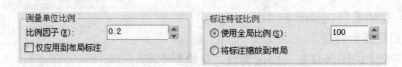

图 9-23 "dim20"的测量比例与标注比例

（4）尺寸标注完成后，打印与单比例视图的打印操作相同。

"一纸多比例"的图形也可以在模型空间标注后在图纸空间打印，图 9 - 8 所示两个不同比例的视图就是在模型空间标注的。这种方法将在与本书配套教材《AutoCAD 实训教程》中介绍。

本 章 小 结

本章介绍了模型空间与图纸空间的概念，详细叙述了布局的创建过程，视口的建立、编辑方法，指定视口比例与锁定视口的操作。视图的尺寸标注介绍了图纸空间的尺寸标注方法，其特点是：无论单比例视图或多比例视图，都只需要一个标注样式。本章最后讲述了图纸的打印方法：图纸空间打印与模型空间打印，介绍了用于打印黑白工程图的打印样式表，按对象线宽打印或按颜色控制打印线宽的方法，并指出：一纸多比例的视图适合在图纸空间布局并打印，只有单比例的视图适合在模型空间打印。

本 章 思 考 题

1. 模型空间和图纸空间有何区别？图纸空间与布局有什么区别？
2. 一个图形文件可以有几个模型空间和图纸空间？
3. 在布局上如何编辑修改模型空间的图形？
4. 为了保证在视口内缩放或平移图形时，视口显示比例及视图不发生变化，应如何操作？
5. 创建好布局视口后，在模型空间缩放或平移图形，布局视口内的视图有何变化？在模型空间移动图形，布局视口内的视图有什么变化？
6. 模型空间只用来设计建模，不可以打印，这种说法对吗？图纸空间只用来打印，不可以标注，这种说法对吗？
7. 虽然图形是彩色的，但使用的是黑白打印机，为什么打印的图纸有许多图线变成灰色或网点状，看不清楚，怎样解决这个问题？
8. 如何使视口边框在布局上可见，而不在图纸上打印出来？
9. 图层设置时没有指定线宽，如何打印出不同的线宽？
10. 在布局上标注多比例的视图尺寸时，为了保证标注特征比例的正确，应如果设置？
11. 在布局上标注时，发现标注出的尺寸不是模型空间对象的尺寸，而是纸面上的尺寸，这是为什么？
12. 普通 A4 打印机，能否打印标准 A4 图框的图纸？

参 考 文 献

[1] 晏孝才，黄宏亮. 水利工程 CAD [M]. 武汉：华中科技大学出版社，2013.
[2] 晏孝才，黄宏亮. 水利工程 CAD 实训 [M]. 武汉：华中科技大学出版社，2013.
[3] 程绪琦，等. AutoCAD2012 中文版标准教程 [M]. 北京：电子工业出版社，2012.